建设行业专业人员快速上岗100问丛书

手把手教你当好装饰装修质量员

王文睿　主　编

张乐荣　温世洲　胡　静

曹晓婧　雷济时　马振宇　副主编

何耀森　主　审

U0391437

中国建筑工业出版社

图书在版编目（CIP）数据

手把手教你当好装饰装修质量员/王文睿主编. —北京：中国建筑工业出版社，2014.10
（建设行业专业人员快速上岗100问丛书）
ISBN 978-7-112-17234-4

Ⅰ.①手… Ⅱ.①王… Ⅲ.①建筑装饰-工程施工-质量检验-基本知识 Ⅳ.①TU712

中国版本图书馆 CIP 数据核字（2014）第 208228 号

建设行业专业人员快速上岗 100 问丛书
手把手教你当好装饰装修质量员

王文睿　主　编

张乐荣　温世洲　胡　静
　　　　　　　　　　　　　　副主编
曹晓婧　雷济时　马振宇

何耀森　主　审

*

中国建筑工业出版社出版、发行（北京西郊百万庄）
各地新华书店、建筑书店经销
北京科地亚盟排版公司制版
北京市密东印刷有限公司印刷

*

开本：850×1168毫米　1/32　印张：9½　字数：252千字
2015 年 2 月第一版　　2015 年 2 月第一次印刷
定价：**26.00** 元
ISBN 978 - 7 - 112 - 17234 - 4
（26018）

版权所有　翻印必究
如有印装质量问题，可寄本社退换
（邮政编码　100037）

本书是"建设行业专业人员快速上岗100问丛书"之一，主要根据《建筑与市政工程施工现场专业人员职业标准》JGJ/T 250—2011编写。全书包括通用知识、基础知识、岗位知识、专业技能共四章24节，内容涉及装饰装修质量员工作中所需掌握的知识点和专业技能。

为了方便读者的学习与理解，全书采用一问一答的形式，对书中内容进行分解，共列出289道问题，逐一进行阐述，针对性和参考性强。

本书可供建筑装饰装修施工企业的质量员、建设单位工程项目管理人员、监理单位工程监理人员使用，也可作为基层施工管理人员学习的参考。

责任编辑：范业庶　王砾瑶　万　李
责任设计：董建平
责任校对：陈晶晶　刘　钰

出 版 说 明

随着科学技术的日新月异和经济建设的高速发展,中国已成为世界最大的建设市场。近几年建设投资规模增长迅速,工程建设随处可见。

建设行业专业人员(各专业施工员、质量员、预算员,以及安全员、测量员、材料员等)作为施工现场的技术骨干,其业务水平和管理水平的高低,直接影响着工程建设项目能否有序、高效、高质量地完成。这些技术管理人员中,业务水平参差不齐,有不少是由其他岗位调职过来以及刚跨入这一行业的应届毕业生,他们迫切需要学习、培训,或是能有一些像工地老师傅般手把手实物教学的学习资料和读物。

为了满足广大建设行业专业人员入职上岗学习和培训需要,我们特组织有关专家编写了本套丛书。丛书涵盖建设行业施工现场各个专业,以国家及行业有关职业标准的要求和规定进行编写,按照一问一答的形式对专业人员的工作职责、应该掌握的专业知识、应会的专业技能、对实际工作中常见问题的处理等进行讲解,注重系统性、知识性、尤其注重实用性、指导性。在编写内容上严格遵照最新颁布的国家技术规范和行业技术规范。希望本套丛书能够帮助建设行业专业人员快速掌握专业知识,从容应对工作中的疑难问题。同时也真诚地希望各位读者对书中不足之处提出批评指正,以便我们进一步改进和完善。

中国建筑工业出版社

2014 年 12 月

前　　言

　　本书为"建设行业专业人员快速上岗100问丛书"之一，主要为建筑装饰装修企业质量员实际工作需要编写。本书主要内容包括通用知识、基础知识、岗位知识、专业技能四章24节，总共289道问答题，囊括了装饰装修施工企业质量员实际工作中可能遇到和需要的绝大部分知识点和所需技能的内容。本书为了便于装饰装修质量员及其他基层项目管理者学习和使用，坚持做到理论联系实际，通俗易懂，全面受用的原则，在内容选择上注重基础知识和常用知识的阐述，对装饰装修质量员在工程施工过程中可能遇到的常见问题，采用了一问一答的方式对各题进行了简明扼要的回答。

　　本书将装饰装修质量员的职业要求、通用知识和专业技能等有机地融为一体，尽可能做到通俗易懂，简明扼要，一目了然。本书涉及的相关专业知识均按2010年以来修订的新规范编写。

　　本书可供建筑装饰装修施工企业的质量员及其他相关基层管理人员、建设单位项目管理人员、工程监理单位技术人员使用，也可作为基层装饰装修施工管理人员学习建筑装饰装修施工技术和项目管理基本知识时的参考。

　　本书由王文睿主编，张乐荣、温世洲、胡静、曹晓婧、雷济时、马振宇等担任副主编。刘淑华高级工程师对本书的编写给予大力支持，何耀森高级工程师审阅了本书全部内容，并提出了许多宝贵的意见和建议，在此对他们表示衷心的谢意。由于编者理论水平有限，本书中存在的不足和缺漏在所难免，敬请广大装饰装修质量员、施工管理人员及专家学者批评指正，以便帮助我们提高工作水平，更好地服务广大装饰装修质量员和项目管理工作者。

编者

2014 年 12 月

目　录

第一章　通用知识

第一节　相关法律法规知识

第二节　建筑装饰材料

7

第三节　装饰工程识图

第四节　　建筑装饰施工技术

第五节 施工项目管理

第二章　基础知识

第一节　建筑力学

第二节　建筑构造、建筑结构的基本知识

第三节　施工测量的基本知识

第四节　抽样统计分析的基本知识

第三章　岗 位 知 识

第一节　装饰装修管理规定和标准

第二节 工程质量管理的基本知识

14

第五节　装饰装修施工试验的内容、方法和评定标准

第六节　装饰装修工程质量问题的分析、预防及处理方法

16

第四章　专 业 技 能

第一节　施工组织设计和专项施工方案

第二节　装饰装修工程主要材料的质量

第三节 装饰装修施工试验

第四节 施工图和其他工程设计、施工等文件

第五节 技术交底文件，实施技术交底

第六节　装饰装修工程质量检查、验收、评定

第七节　质量缺陷的分析和处理

第八节　质量事故、事故处理

第九节　质 量 资 料

第一章 通 用 知 识

第一节 相关法律法规知识

1. 从事建筑活动的各类施工企业应具备哪些条件？

答：根据《中华人民共和国建筑法》的规定，从事建筑活动的各类施工企业应具备以下条件：

（1）具有符合规定的注册资本；

（2）有与其从事建筑活动相适应的具有法定执业资格的专业技术人员；

（3）有从事相关建筑活动所应有的技术装备；

（4）法律、行政法规规定的其他条件。

2. 从事建筑活动的各类施工企业从业的基本要求是什么？《建筑法》对从事建筑活动的各类技术人员有什么要求？

答：根据《中华人民共和国建筑法》的规定，从事建筑活动的施工企业应满足下列要求：从事建筑活动的施工企业，按照其拥有的注册资本、专业技术人员、技术装备和已完成的建筑工程业绩等资质条件，划分为不同的资质等级，经资质审查合格，取得相应等级的资质证书后，方可在其资质等级许可的范围内从事建筑活动。

《建筑法》对从事建筑活动的技术人员的要求是：从事建筑活动的专业技术人员，应依法取得相应的执业资格证书，并在职业资格证书许可的范围内从事建筑活动。

3. 建筑工程安全生产管理必须坚持的方针和制度各是什么？建筑施工企业怎样采取措施确保施工工程的安全？

答：根据《中华人民共和国建筑法》的规定，建筑工程安全生产管理必须坚持安全第一、预防为主的方针，必须建立健全安全生产的责任制度和群防群治制度。

建筑施工企业在编制施工组织设计时，应当根据建筑工程的特点制定相应的安全技术措施；对专业性较强的工程项目，应当编制专项安全施工组织设计，并采取安全技术措施。

建筑施工企业应当在施工现场采取维护安全、防范危险、预防火灾等措施；有条件的，应当对施工现场进行封闭管理。

施工现场对毗邻的建筑物、构筑物和特殊作业环境可能造成损害的，建筑施工企业应当采取安全防护措施。

4. 建设工程施工现场安全生产的责任主体属于哪一方？安全生产责任怎样划分？

答：建设工程施工现场安全生产的责任主体是建筑施工企业。实行施工总承包的，总承包单位为安全生产责任主体，施工现场的安全责任由其负责。分包单位向总承包单位负责，服从总承包单位对施工现场的安全生产管理。

5. 建筑装饰装修工程施工质量应符合哪些常用的工程质量标准的要求？

答：建筑装饰装修工程施工质量应在遵守《建筑法》对建筑工程质量管理的规定及《建设工程质量管理条例》的前提下，并应符合相关工程建设的设计规范、施工验收规范的具体规定和《建设工程施工合同（示范文本）》约定的相关规定，同时对于地域特色、行业特色明显的建设工程项目还应遵守地方政府建设行政管理部门和行业管理部门制定的地方和行业规程及标准。

6. 建筑装饰装修工程施工质量管理的责任主体属于哪一方？施工企业应如何对施工质量负责？

答：《建设工程质量管理条例》明确规定，建筑装饰装修工程施工质量管理责任主体为施工单位。施工单位应当建立质量责任制，确定工程项目的项目经理、技术负责人和施工管理负责人。建设装饰装修工程实行总承包的，总承包单位应当对全部建设工程质量负责。总承包单位依法将建设工程分包给其他单位的，分包单位应当按照分包合同的规定对其分包工程的质量向总承包单位负责，总承包单位与分包单位对分包工程的质量承担连带责任。施工单位必须按照工程设计图纸和技术标准施工，不得擅自修改工程设计，不得偷工减料。施工单位在施工过程中发现设计文件和图纸有差错的，应当及时提出意见和建议。施工单位必须按照工程设计要求，施工技术标准和合同约定，对建筑材料、建筑构配件、设备和商品混凝土进行检验，检验应当有书面记录和专业人员签字；未经检验或检验不合格的，不得使用。施工单位必须建立、健全施工质量的检验制度，严格工序管理，做好隐蔽工程的质量检查和记录。隐蔽工程在隐蔽前，施工单位应当通知建设单位和建设工程质量监督机构。施工人员对涉及结构安全的试块、试件以及有关材料，应当在建设单位或者工程监理单位监督下现场取样，并送具有相应资质等级的质量检测单位进行检测。施工单位对施工中出现质量问题的建设工程或者竣工验收不合格的工程，应当负责返修。施工单位应当建立、健全教育培训制度，加强对职工的教育培训；未经教育培训或者考核不合格的人员不得上岗。

7. 建筑装饰装修施工企业怎样采取措施保证施工工程的质量符合国家规范和工程的要求？

答：严格执行《建筑法》和《建设工程质量管理条例》中对工程质量的相关规定和要求，采取相应措施确保工程质量。做到在资质等级许可的范围内承揽工程；不转包或者违法分包工程。建立质量责任制，确定工程项目的项目经理、技术负责人和施工管理负责人。实行总承包的建设工程由总承包单位对全部建设工程质量负责，分包单位按照分包合同的约定对其分包工程的质量负责。做到按照设计图纸和技术标准施工，不擅自修改工程设计，不偷工减料；对施工过程中出现的质量问题或竣工验收不合格的工程项目，负责返修。准确全面理解工程项目相关设计规范和施工验收规范的规定、地方和行业法规和标准的规定；施工过程中完善工序管理，实行事先、事中管理，尽量减少事后管理，避免和杜绝返工，加强隐蔽工程验收；加强交底工作，督促作业人员工作目标明确、责任和义务清楚；建立健全教育培训制度，加强对职工的教育培训，对关键和特殊工艺、技术和工序要做好培训和上岗管理；对影响质量的技术和工艺要采取有效措施进行把关。建立健全企业内部质量管理体系和施工质量的检验制度，严格工序管理，做好隐蔽工程的质量检查和记录，杜绝质量事故隐患；并在实施严格中做到使施工质量不低于规范、规程和标准的规定；按照保修书约定的工程保修范围、保修期限和保修责任等履行保修责任，确保工程质量在合同规定的期限内满足工程建设单位的使用要求。

8.《安全生产法》对装饰装修施工及生产企业为具备安全生产条件的资金投入有什么要求？

答：装饰装修施工单位应当具备的安全生产条件所必需的资金投入，由生产经营单位的决策机构、主要负责人或者个人经营的投资人予以保证，并对由于安全生产所必需的资金投入不足导致的后果承担责任。

建筑装饰装修施工单位新建、改建、扩建工程项目（以下统称建设项目）的安全设施，必须与主体工程同时设计、同时施工、同时投入生产和使用。安全设施投资应当纳入建设项目概算。

4

9.《安全生产法》对施工生产企业安全生产管理人员的配备有哪些要求？

答：建筑装饰装修施工单位应当设置安全生产管理机构或者配备专职安全生产管理人员。从业人员超过三百人的，应当设置安全生产管理机构或者配备专职安全生产管理人员；从业人员在三百人以下的，应当配备专职或者兼职的安全生产管理人员，或者委托具有国家规定的相关专业技术资格的工程技术人员提供安全生产管理服务。建筑装饰装修施工单位依照前款规定委托工程技术人员提供安全生产管理服务的，保证安全生产的责任仍由本单位负责。施工单位的主要负责人和安全生产管理人员必须具备与本单位所从事的生产经营活动相应的安全生产知识和管理能力。建筑施工单位的主要负责人和安全生产管理人员，应当由有关主管部门对其安全生产知识和管理能力考核合格后方可任职。

10. 为什么建筑装饰装修施工企业应对从业人员进行安全生产教育和培训？安全生产教育和培训包括哪些方面的内容？

答：装饰装修施工单位对从业人员进行安全生产教育和培训，是为了保证从业人员具备必要的安全生产知识，能够熟悉有关的安全生产规章制度和安全操作规程，更好地掌握本岗位的安全操作技能。同时为了确保施工质量和安全生产，规定未经安全生产教育和培训合格的从业人员，不得上岗作业。

安全生产教育和培训包括日常安全生产常识的培训，包括安全用电、安全用气、安全使用施工机具车辆、多层和高层建筑高空作业安全培训、冬期防火培训、雨期防洪防雹培训、人身安全培训、环境安全培训等；在施工活动中采用新工艺、新技术、新材料或者使用新设备时，为了让从业人员了解、掌握其安全技术特性，采取有效的安全防护措施，并对从业人员进行专门的安全生产教育和培训。施工中有特种作业时，对特种作业人员必须按

5

照国家有关规定经专门的安全作业培训，在其取得特种作业操作资格证书后，方可允许上岗作业。

11.《安全生产法》对建设项目安全设施和设备作了什么规定？

答：建设项目安全设施的设计人、设计单位应当对安全设施设计负责。用于生产、储存危险物品的建设项目的安全设施设计应当按照国家有关规定报经有关部门审查，审查部门及其负责审查的人员对审查结果负责。

用于生产、储存危险物品的建设项目的施工单位必须按照批准的安全设施设计施工，并对安全设施的工程质量负责。用于生产、储存危险物品的建设项目竣工投入生产或者使用前，必须依照有关法律、行政法规的规定对安全设施进行验收；验收合格后，方可投入生产和使用。验收部门及其验收人员对验收结果负责。施工和经营单位应当在有较大危险因素的生产经营场所和有关设施、设备上，设置明显的安全警示标志。安全设备的设计、制造、安装、使用、检测、维修、改造和报废，应当符合国家标准或者行业标准。生产经营单位必须对安全设备进行经常性维护、保养，并定期检测，保证正常运转。维护、保养、检测应当做好记录，并由有关人员签字。

施工单位使用的涉及生命安全、危险性较大的特种设备，以及危险物品的容器、运输工具，必须按照国家有关规定，由专业生产单位生产，并经取得专业资质的检测、检验机构检测、检验合格，取得安全使用证或者安全标志，方可投入使用。检测、检验机构对检测、检验结果负责。国家对严重危及生产安全的工艺、设备实行淘汰制度。

12. 建筑装饰装修工程施工从业人员劳动合同安全的权利和义务各有哪些？

答：《中华人民共和国安全生产法》明确规定：装饰装修施

工单位与从业人员订立的劳动合同，应当载明有关保障从业人员劳动安全、防止职业危害的事项，以及依法为从业人员办理工伤社会保险的事项。装饰装修施工单位不得以任何形式与从业人员订立协议，免除或者减轻其对从业人员因生产安全事故伤亡依法应承担的责任。装饰装修施工单位的从业人员有权了解其作业场所和工作岗位存在的危险因素、防范措施及事故应急措施，有权对本单位的安全生产工作提出建议。从业人员有权对本单位安全生产工作中存在的问题提出批评、检举、控告；有权拒绝违章指挥和强令冒险作业。装饰装修施工单位不得因从业人员对本单位安全生产工作提出批评、检举、控告或者拒绝违章指挥、强令冒险作业而降低其工资、福利等待遇或者解除与其订立的劳动合同。从业人员发现直接危及人身安全的紧急情况时，有权停止作业或者在采取可能的应急措施后撤离作业场所。

装饰装修施工单位不得因从业人员在上述紧急情况下停止作业或者采取紧急撤离措施而降低其工资、福利等待遇或者解除与其订立的劳动合同。因生产安全事故受到损害的从业人员，除依法享有工伤社会保险外，依照有关民事法律尚有获得赔偿的权利的，有权向本单位提出赔偿要求。从业人员在作业过程中，应当严格遵守本单位的安全生产规章制度和操作规程，服从管理，正确佩戴和使用劳动防护用品。从业人员应当接受安全生产教育和培训，掌握本职工作所需的安全生产知识，提高安全生产技能，增强事故预防和应急处理能力。从业人员发现事故隐患或者其他不安全因素，应当立即向现场安全生产管理人员或者本单位负责人报告；接到报告的人员应当及时予以处理。

13. 建筑装饰装修工程施工应怎样接受负有安全生产监督管理职责的部门对自己企业的安全生产状况进行监督检查？

答：建筑装饰装修工程施工应当依据《安全生产法》的规定，自觉接受负有安全生产监督管理职责的部门，依照有关法律、法规的规定和国家标准或者行业标准规定的安全生产条件，对本企业涉及安全生产需要审查批准事项（包括批准、核准、许可、注册、认证、颁发证照等）进行监督检查或者验收。

应协助和配合负有安全生产监督管理职责的部门依法对生产经营单位执行有关安全生产的法律、法规和国家标准或者行业标准的情况进行监督检查，行使以下职权：（1）进入生产经营单位进行检查，调阅有关资料，向有关单位和人员了解情况；（2）对检查中发现的安全生产违法行为，当场予以纠正或者要求限期改正；对依法应当给予行政处罚的行为，依照《安全生产法》和其他有关法律、行政法规的规定作出行政处罚决定；（3）对检查中发现的事故隐患，应当责令立即排除；重大事故隐患排除前或者排除过程中无法保证安全的，应当责令从危险区域内撤出作业人员，责令暂时停产停业或者停止使用；重大事故隐患排除后，经审查同意，方可恢复生产经营和使用；（4）对有根据认为不符合保障安全生产的国家标准或者行业标准的设施、设备、器材予以查封或者扣押，并应当在十五日内依法作出处理决定。

装饰装修施工企业应当指定专人配合安全生产监督检查人员对其安全生产进行检查，对检查的时间、地点、内容、发现的问题及其处理情况作出书面记录，并由检查人员和被检查单位的负责人签字确认。施工单位对负有安全生产监督管理职责的部门的监督检查人员依法履行监督检查职责，应当予以配合，不得拒绝、阻挠。

14. 建筑装饰装修施工企业发生安全事故后的处理程序是什么？

答：建筑装饰装修施工单位发生生产安全事故后，事故现场有关人员应当立即报告本单位负责人。单位负责人接到事故报告后，应当迅速采取有效措施，组织抢救，防止事故扩大，减少人员伤亡和财产损失，并按照国家有关规定立即如实报告当地负有安全生产监督管理职责的部门，不得隐瞒不报、谎报或者拖延不报，不得故意破坏事故现场、毁灭有关证据。

负有安全生产监督管理职责的部门接到事故报告后，应当立即按照国家有关规定上报事故情况。负有安全生产监督管理职责的部门和有关地方人民政府对事故情况不得隐瞒不报、谎报或者拖延不报。

有关地方人民政府和负有安全生产监督管理职责的部门的负责人接到重大生产安全事故报告后，应当立即赶到事故现场，组织事故抢救。任何单位和个人都应当支持、配合事故抢救，并提供一切便利条件。

15. 安全事故发生的调查与处理以及事故责任认定应遵循哪些原则？

答：事故调查处理应当遵循实事求是、尊重科学的原则，及时、准确地查清事故原因，查明事故性质和责任，总结事故教训，提出整改措施。

16. 施工企业的安全责任有哪些内容？

答：《安全生产法》规定：施工单位的决策机构、主要负责人、个人经营的投资人应依照《安全生产法》的规定，保证安全生产所必需的资金投入，确保生产经营单位具备安全生产条件。施工单位的主要负责人应履行《安全生产法》规定的安全生产管理职责。

建筑装饰装修施工单位应履行下列义务：（1）按照规定设立安全生产管理机构或者配备安全生产管理人员；（2）危险物品的生产、经营、储存单位以及建筑装饰装修施工单位的主要负责人和安全生产管理人员应按照规定经考核合格；（3）按照《安全生产法》的规定，对从业人员进行安全生产教育和培训，按照《安全生产法》的规定如实告知从业人员有关的安全生产事项；（4）特种作业人员应按照规定经专门的安全作业培训并取得特种作业操作资格证书，上岗作业。用于生产、储存危险物品的建设项目的施工单位应按照批准的安全设施设计施工，项目竣工投入生产或者使用前，安全设施应经验收合格；应在有较大危险因素的生产经营场所和有关设施、设备上设置明显的安全警示标志的；安全设备的安装、使用、检测、改造和报废应符合国家标准或者行业标准；要为从业人员提供符合国家标准或者行业标准的劳动防护用品；对安全设备进行经常性维护、保养和定期检测；不使用国家明令淘汰、禁止使用的危及生产安全的工艺、设备；特种设备以及危险物品的容器、运输工具经取得专业资质的机构检测、检验合格，取得安全使用证或者安全标志后再投入使用；进行爆破、吊装等危险作业，应安排专门管理人员进行现场安全管理。

17. 建筑装饰装修施工企业对工程质量的责任和义务各有哪些内容？

答：《建筑法》和《建设工程质量管理条例》规定的装饰装修施工企业的工程质量的责任和义务包括：做到在资质等级许可的范围内承揽工程；做到不允许其他单位或个人以自己单位的名义承揽工程；施工单位不得转包或者违法分包工程。施工单位对建设工程的施工质量负责。施工单位应当建立质量责任制，确定工程项目的项目经理、技术负责人和施工管理负责人。建设工程实行总承包的总承包单位应当对全部建设工程质量负责，分包单位应当按照分包合同的约定对其分包工程的质量负责。施工单位应按照工程设计图纸和施工技术标准施工，不得擅自修改工程设计，不得偷工减料；对施工过程中出现的质量问题或竣工验收不合格的工程项目，应当负责返修。施工单位在组织施工中应当准确全面理解工程项目相关设计规范和施工验收规范的规定、地方和行业法规与标准的规定。

18. 什么是劳动合同？劳动合同的形式有哪些？怎样订立和变更劳动合同？无效劳动合同的构成条件有哪些？

答：为了确定调整劳动者各主体之间的关系，明确劳动合同双方当事人的权利和义务，确保劳动者的合法权益，构建和发展和谐稳定的劳动关系，依据相关法律、法规、用人单位和劳动者双方的意愿等所签订的确定契约称为劳动合同。

劳动合同分为固定期限劳动合同、无固定期限劳动合同和以完成一定工作任务为期限的劳动合同等。固定期限劳动合同，是指用人单位与劳动者约定终止时间的劳动合同。用人单位与劳动者协商一致，可以订立固定期限劳动合同。无固定期限劳动合同，是指用人单位与劳动者约定无确定终止时间的劳动合同。以完成一定工作任务为期限的劳动合同是指用人单位与劳动者约定以某项工作的完成为合同期限的劳动合同。

用人单位与劳动者协商一致，并经用人单位与劳动者在劳动合同文本上签字或者盖章后生效。用人单位与劳动者协商一致，可以变更劳动合同约定的内容，变更劳动合同应当采用书面的形式。订立的劳动合同和变更后的劳动合同文本由用人单位和劳动者各执一份。

无效劳动合同，是指当事人签订成立的而国家不予承认其法律效力的合同。劳动合同无效或者部分无效的情形有：（1）以欺诈、胁迫手段或者乘人之危，使对方在违背真实意思的情况下订立或者变更劳动合同的；（2）用人单位免除自己的法定责任、排除劳动者权利的；（3）违反法律、行政法规强制性规定的。对于合同无效或部分无效有争议的，由劳动仲裁机构或者人民法院确定。

19. 怎样解除劳动合同？

答：有下列情形之一者，依照劳动合同法规定的条件、程序，劳动者可以与用人单位解除劳动合同关系：（1）用人单位与劳动者协商一致的；（2）劳动者提前30日以书面形式通知用人单位的；（3）劳动者在使用期内提前三日通知用人单位的；（4）用人单位未按照劳动合同约定提供劳动保护或者劳动条件的；（5）用人单位未及时足额支付劳动报酬的；（6）用人单位未依法为劳动者缴纳社会保险的；（7）用人单位的规章制度违反法律、法规的规定，损害劳动者利益的；（8）用人单位以欺诈、胁迫手

11

段或者乘人之危，使劳动者在违背真实意思的情况下订立或变更劳动合同的；（9）用人单位在劳动合同中免除自己的法定责任、排除劳动者权利的；（10）用人单位违反法律、行政法规强制性规定的；（11）用人单位以暴力威胁或者非法限制人身自由的手段强迫劳动者劳动的；（12）用人单位违章指挥、强令冒险作业危及劳动者人身安全的；（13）法律行政法规规定劳动者可以解除劳动合同的其他情形。

　　有下列情形之一者，依照劳动合同法规定的条件、程序，用人单位可以与劳动者解除劳动合同关系：（1）用人单位与劳动者协商一致的；（2）劳动者在使用期间被证明不符合录用条件的；（3）劳动者严重违反用人单位的规章制度的；（4）劳动者严重失职，营私舞弊，给用人单位造成重大伤害的；（5）劳动者与其他单位建立劳动关系，对完成本单位的工作任务造成严重影响，或者经用人单位提出，拒不改正的；（6）劳动者以欺诈、胁迫手段或者乘人之危，使用人单位在违背真实意思的情况下订立或变更劳动合同的；（7）劳动者被依法追究刑事责任的；（8）劳动者患病或者因工负伤不能从事原工作，也不能从事由用人单位另行安排的工作的；（9）劳动者不能胜任工作，经培训或者调整工作岗位，仍不能胜任工作的；（10）劳动合同订立所依据的客观情况发生重大变化，致使劳动合同无法履行，经用人单位与劳动者协商，未能就变更劳动合同内容达成协议的；（11）用人单位依照企业破产法规定进行重整的；（12）用人单位生产经营发生严重困难的；（13）企业转产、重大技术革新或者经营方式调整，经变更劳动合同后，仍需裁减人员的；（14）其他因劳动合同订立时所依据的客观经济情况发生重大变化，致使劳动合同无法履行的。

20. 什么是集体合同？集体合同的效力有哪些？集体合同的内容和订立程序各有哪些内容？

　　答：企业职工一方与企业可以就劳动报酬、工作时间、休息休假、劳动安全卫生、保险福利等事项，签订的合同称为集体合同。集体合同草案应当提交职工代表大会或者全体职工讨论通过。集体合同由工会代表职工与企业签订；没有建立工会的企业，由职工推举的代表与企业签订。集体合同签订后应当报送劳动行政部门；劳动行政部门自收到集体合同文本之日起十五日内未提出异议的，集体合同即行生效。

依法订立的集体合同对用人单位和劳动者具有约束力。行业性、区域性集体合同对本行业、本区域的用人单位和劳动者具有约束力。依法订立的集体合同对企业和企业全体职工具有约束力。职工个人与企业订立的劳动合同中劳动条件和劳动报酬等标准不得低于集体合同的规定。集体合同中的报酬和劳动条件不得低于当地人民政府规定的最低标准。

21. 《劳动法》对劳动卫生作了哪些规定？

答：用人单位必须建立、健全劳动安全卫生制度，严格执行国家劳动安全卫生规程和标准，对劳动者进行劳动安全卫生教育，防止劳动过程中的事故，减少职业危害。劳动安全卫生设施必须符合国家规定的标准。新建、改建、扩建工程的劳动安全卫生设施必须与主体工程同时设计、同时施工、同时投入生产和使用。用人单位必须为劳动者提供符合国家规定的劳动安全卫生条件和必要的劳动防护用品，对从事有职业危害作业的劳动者应当定期进行健康检查。

第二节　建筑装饰材料

1. 无机胶凝材料是怎样分类的？它们的特性各有哪些？

答：（1）胶凝材料及其分类

胶凝材料就是把块状、颗粒状或纤维状材料凝结为整体的材料。无机胶凝材料也称为矿物胶凝材料，其主要成分是无机化合物、如水泥、石膏、石灰等均属于无机胶凝材料。

（2）胶凝材料的特性

根据硬化条件的不同，无机胶凝材料分为气硬性胶凝材料（如石灰、石膏、水玻璃）和水硬性胶凝材料（如水泥）两类。气硬性胶凝材料只能在空气中凝结、硬化、保持和发展强度，通常适用于干燥环境，在潮湿环境和水中不能使用。水硬性胶凝材料既能在空气中硬化，也能在水中凝结、硬化、保持和发展强度，既适用于干燥环境，也适用于潮湿环境和水中。

2. 水泥怎样分类？通用水泥分哪几个品种？它们各自的主要技术性能有哪些？

答：（1）水泥及其品种分类

水泥是一种加水拌合成塑性浆体，通过水化逐渐固结、硬化，能够胶结砂、石等固体材料，并能在空气和水中硬化的粉状水硬性胶凝材料。水泥的品种可按以下两种方法分类。

1）按矿物组成分类。可分为硅酸盐水泥、铝酸盐水泥、硫铝酸盐水泥，氟铝酸盐水泥、铁铝酸盐水泥以及少熟料或无熟料水泥等。

2）按其用途和性能可分为通用水泥、专用水泥和特种水泥三大类。

（2）建筑工程常用水泥的品种

用于一般建筑工程的水泥为通用水泥，它包括硅酸盐水泥、普通硅酸盐水泥、矿渣硅酸盐水泥、火山灰质硅酸盐水泥、粉煤灰硅酸盐水泥、复合硅酸盐水泥等。

（3）建筑工程常用水泥的主要技术性能

建筑工程常用水泥的主要技术性能包括细度、标准稠度及其用水量、凝结时间、体积安定性、水泥强度、水化热等。

1）细度。细度是指水泥颗粒粗细的程度。它是影响水泥需水量、凝结时间、强度和安定性能的重要指标。颗粒越细，与水反应的表面积就越大，水化反应的速度就越快，水泥石的早期强度就越高，但硬化体的收缩也愈大，且水泥储运过程中易受潮而降低活性。因此，水泥的细度应适当。

2）标准稠度及其用水量。在测定水泥凝结时间、体积安定性等性能时，为使所测结果有准确的可比性，规定在试验时所用的水泥净浆必须按《水泥标准稠度用水量、凝结时间、安定性检验方法》GB/T 1346 的规定以标准方法测试，并达到统一规定的浆体可塑性（标准稠度）。水泥净浆体标准稠度用水量，是指拌制水泥净浆时为达到标准稠度所需的加水量，它以水与水泥重量之比的百分数表示。

3）凝结时间。水泥从加水开始到失去流动性所需的时间称为凝结时间，分为初凝时间和终凝时间。初凝时间为水泥从加水拌合起到水泥浆开始失去可塑性所需的时间；终凝时间是指水泥从加水拌合起到水泥浆完全失去可塑性，并开始产生强度所需要的时间。水泥的凝结时间对施工具有较大的意义。初凝时间过短，施工时没有足够的时间完成混凝土或砂浆的搅拌、运输、浇捣和砌筑等操作；水泥的终凝时间过迟，则会拖延施工工期。国家标准规定硅酸盐水泥的初凝时间不得早于 45min，终凝时间不得迟于 6.5h，其他品种通用水泥初凝时间都是 45min，但终凝时间为 10h。国家标准规定初凝时间不合格的水泥为废品。

4）体积安定性。它是指水泥具体硬化后体积变化的稳定性。安定性不良的水泥，在浆体硬化过程中或硬化后产生不均匀体积膨胀，并引起开裂。水泥安定性不良的主要因素是熟料中含有过量的游离氧化钙、游离氧化镁或研磨时掺入的石膏过多。国家标准规定水泥熟料中游离氧化镁的含量不得超过 5.0%，三氧化硫的含量不得超过 3.5%，体积安定性不合格的水泥为废品，不能用于工程。

5）水泥强度。水泥强度与水泥的矿物组成、水泥细度、水灰比大小、水化龄期和环境温度等密切相关。水泥强度按国家标准《水泥胶砂强度检验方法（ISO 法）》GB/T 17671 的规定制作试块、养护并测定其抗压强度和抗折强度值，并据此评定水泥的强度等级。

6）水化热。水泥水化放出的热量以及放热速度，主要取决于水泥矿物组成和细度。熟料矿物质铝酸三钙和硅酸三钙含量越高，颗粒越细，则水化热越大。水化热越大对冬期施工越有利，但对大体积混凝土工程是有害的。为了避免温度应力引起水泥石开裂，在大体积混凝土工程施工中，不宜采用硅酸盐水泥，而应采用水化热低的矿渣水泥等，水化热的测定可按国家标准规定的方法测定。

3. 普通混凝土是怎样分类的?

答：混凝土是以胶凝材料、粗细骨料及其他外掺材料按适当比例搅拌、成型、养护、硬化而成的人工石材。通常将以水泥、矿物掺合材料、粗细骨料、水和外加剂按一定比例配置而成的、干表观密度为 2000～2800kg/m³ 的混凝土称为普通混凝土。

普通混凝土的分类：

（1）按用途分。可分为结构混凝土、抗渗混凝土、抗冻混凝土、大体积混凝土、水工混凝土、耐热混凝土、耐酸混凝土、装饰混凝土等。

（2）按强度等级分。可分为普通混凝土，强度等级高于 C60 的高强度混凝土以及强度等级高于 C100 的超高强度混凝土。

（3）按施工工艺分。可分为喷射混凝土、泵送混凝土、碾压混凝土、自流平混凝土、离心混凝土、真空脱水混凝土。

4. 混凝土拌合物的主要技术性能有哪些?

答：混凝土拌合物的技术性质和硬化混凝土的技术性质。拌合物主要性质有和易性，硬化混凝土的主要技术性质包括强度、变形和耐久性。

混凝土中各种组成材料按比例配合经搅拌形成的混合物称为混凝土的拌合物，又称新拌混凝土。混凝土拌合物易于各工序的施工操作（搅拌、运输、浇筑、振捣、成型等），并获得质量稳定、整体均匀、成型密实的混凝土性能，称为混凝土拌合物的和易性。和易性是满足施工工艺要求的综合性质，包括流动性、黏聚性和保水性。

流动性是指混凝土拌合物在自重或机械振动时能够产生流动的性质。流动性的大小反映了混凝土拌合物的稀稠程度，流动性良好的拌合物，易于浇筑、振捣和成型。

黏聚性是指混凝土组成材料间具有一定的凝聚力，在施工过程中混凝土能够保持整体均匀的性能。黏聚性反映了混凝土拌合物的均匀性，黏聚性良好的拌合物易于施工操作，不会产生分层和离析的现象。黏聚性差时，会造成混凝土质地不均匀，振捣后易出现蜂窝、空洞等现象。

保水性是指混凝土拌合物在施工过程中具有一定的保持内部水分而抵抗泌水的能力。保水性反映了混凝土拌合物的稳定性。保水性差的混凝土拌合物在混凝土内形成通水通道，影响混凝土的密实性，并降低混凝土的强度和耐久性。

流动性是反映和易性的主要指标，流动性常用坍落度法测定，坍落度数值越大，表明混凝土拌合物流动性大，根据坍落度值的大小，可以将混凝土分为四级：大流动性混凝土（坍落度大于160mm）、流动性混凝土（坍落度100～150mm）、塑性混凝土（坍落度10～90mm）和干硬性混凝土（坍落度小于10mm）。

5. 硬化后混凝土的强度有哪几种？

答：根据国家标准《混凝土结构设计规范》GB 50010—2010 的规定，混凝土强度等级按立方体抗压强度标准值确定，混凝土强度包括立方体抗压强度标准值，轴心抗压强度和轴心抗拉强度。

（1）混凝土立方体抗压强度

《混凝土结构设计规范》规定：混凝土的立方体抗压强度标准值是指，在标准状况下制作养护边长为 150mm 立方体试块，用标准方法测得的 28d 龄期时，具有 95％保证概率的强度值，单位是 N/mm^2。我国现行《混凝土结构设计规范》规定混凝土强度等级有 C15、C20、C25、C30、C35、C40、C45、C50、C55、C60、C65、C70、C75、C80 共 14 级，其中 C 代表混凝土，C 后面的数字代表立方体抗压强度标准值，单位是 N/mm²，用符号 $f_{cu,k}$ 表示。《规范》同时允许，对近年来使用量明显增加的粉煤灰等矿物混凝土，确定其立方体抗压强度标准值 $f_{cu,k}$ 时，龄期不受 28d 的限值，可以由设计者根据具体情况适当延长。

（2）混凝土轴心抗压强度

实验证明，立方体抗压强度不能代表以受压为主的结构构件中混凝土强度。通过用同批次混凝土在同一条件下制作养护的棱柱体试件和短柱在轴心力作用下受压性能的对比试验，可以看出高宽比超过 3 以后的混凝土棱柱体中的混凝土抗压强度和以受压为主的钢筋混凝土构件中的混凝土抗压强度是一致的。因此《混凝土结构设计规范》规定用高宽比为 3～4 的混凝土棱柱体试件测得的混凝土的抗压强度，并作为混凝土的轴心抗压强度（棱柱体抗压强度），用符号 f_{ck} 表示。

（3）混凝土的抗拉强度

常用的混凝土轴心抗拉强度测定方法是拔出试验或劈裂试验。相比之下拔出试验更为简单易行。拔出试验采用 100mm×100mm×500mm 的棱柱体，在试件两端轴心位置预埋Φ16 或Φ18钢筋，埋入深度为 150mm，在标准状况下养护 28d 龄期后可测试其抗拉强度，用符号 f_{tk} 表示。

6. 混凝土的耐久性包括哪些内容？

答：混凝土抵抗自身因素和环境因素的长期破坏，保持其原有性能的能力，称为耐久性。混凝土的耐久性主要包括抗渗性、抗冻性、抗腐性、抗碳化、抗碱骨料反应等方面。

（1）抗渗性

混凝土抵抗压力液体（水或油）等渗透体的能力称为抗渗性。混凝土抗渗性用抗渗等级表示。抗渗等级是以 28d 龄期的标准试件，用标准方法进行试验，以每组六个试件，四个试件为出现渗水时，所能承受的最大静压力（单位为 MPa）来确定。混凝土的抗渗等级用代号 P 表示，分为 P4、P6、P8、P10、P12 和＞P12 六个等级。P6 表示混凝土抵抗 0.4MPa 的液体压力而不渗水。

（2）抗冻性

混凝土在吸水饱和状态下，抵抗多次反复冻融循环而不破坏，同时也不严重降低其各种性能的能力，称为抗冻性。混凝土抗冻性用抗冻等级表示。抗冻等级是以 28d 龄期的标准试件，在浸水饱和状态下，进行冻融循环试验，以抗压强度损失不超过 25％，同时，重量损失不超过 5％时，所承受的最大冻融循环次数来确定。混凝上的抗渗等级用 F 表示，分为 F50、F100、F150、F200、F250、F300、F350、F400 和＞F400 等九个等级。F200 表示混凝土在强度损失不超过 25％，质量损失不超过 5％时，所能承受的最大冻融循环次数为 200。

（3）抗腐性

混凝土在外界各种侵蚀介质作用下，抵抗破坏的能力，称为混凝土的抗腐蚀性。当工程所处环境存在侵蚀性介质时，对混凝土必须提出抗腐性要求。

7. 什么是混凝土的徐变？它对混凝土的性能有什么影响？徐变产生的原因是什么？

答：（1）混凝土的徐变

构件在长期不变的荷载作用下，应变随时间增长具有持续增长的特性，混凝土这种受力变形称为徐变。

（2）混凝土的徐变对构件的影响

徐变对混凝土结构构件的变形和承载能力会产生明显的不利影响，在预应力混凝土构件中会造成预应力损失。这些影响对结构构件的受力和变形是有危害的，因此在设计和施工过程中要尽可能采取措施降低混凝土的徐变。

（3）徐变产生的原因

徐变产生的原因主要包括以下两个方面：

1）混凝土内的水泥凝胶在压应力作用下具有缓慢黏性流动的性质，这种黏性流动变形需要较长的时间才能逐渐完成。在这个变形过程中凝胶体会把它承受的压力转嫁给骨料，从而使黏流变形逐渐减弱直到结束。当卸去荷载后，骨料受到的压力会逐步回传给凝胶体，因此，一部分徐变变形能够恢复。

2）当试件受到较高压应力作用时，混凝土内的微裂缝会不断增加和延长，助长了徐变的产生。压应力越高，这种因素的影响在总徐变中占的比例就越高。

上述对徐变产生的因素归纳起来有以下几点：

1）混凝土内在的材性方面的影响

① 水泥用量越多，凝胶体在混凝土内占的比例就越高，由于水泥凝胶体的黏弹性造成的徐变就越大；降低这个因素产生徐变的措施是，在保混凝土强度等级的前提下，严格控制水泥用量不要超过规定随意加大混凝土中水泥的用量。

② 水灰比越高，混凝土凝结硬化后残留在其内部的工艺水就越多，由于它的挥发和不断逸出产生的空隙就越多，徐变就会越大。减少这个因素产生的徐变措施是，在保证混凝土流动性地前提下，严格控制用水量，减低水灰比和多余的工艺水。

③ 骨料级配越好，徐变越小。骨料级配越好，骨料在混凝土体内占的体积越多，水泥凝胶体就越少，凝胶体向结晶体转化时体积的缩小量就少，压应力从凝胶体向骨料的内力转移就少，徐变就少。减少这种因素引起的徐变，主要措施是选择级配良好的骨料。

④ 骨料的弹性模量越高，徐变越小。这是因为骨料越坚硬，在凝胶体向其转化内力时骨料的变形就小，徐变也就会减小。减少这种因素引起的徐变的主要措施是选择坚硬的骨料。

2）混凝土养护和工作环境条件的影响

① 混凝土制作养护和工作环境的温度正常、湿度高徐变小；反之，温度高、湿度低徐变大。在实际工程施工时混凝土养护时的环境温度一般难以调控，在常温下充分保证湿度，徐变就会

降低。

②构件的体积和面积的比小（即表面面积相对较大）的构件，混凝土内部水分散发较快，使得水泥颗粒早期的水解不充分，凝胶体的产生和其变为结晶体的过程不充分，徐变就大。

③混凝土加荷龄期越长，其内部结晶体的量越多，凝结硬化越充分，徐变就越小。

④构件截面受到长期不变应力作用时的压应力越大，徐变越大。在压应力小于 $0.5f_c$ 范围内，压应力和徐变呈线性关系，这种关系成为线性徐变；在 $(0.55\sim0.6)f_c$ 时，随时间延长徐变和时间关系曲线是收敛曲线，即会朝某个固定值靠近，但收敛性随应力的增高越来越差。当压应力超过 $0.8f_c$ 时，徐变时间曲线就成为发散性曲线了，徐变的增长最终将会导致混凝土压碎。这是因为在较高应力作用下混凝土中的微裂缝已经处于不稳定状态。长期较高压应力的作用将促使这些微裂缝进一步发展，最终导致混凝土被压碎。这种情况下混凝土压碎时的压应力低于一次短期加荷时的轴心抗压强度。

由此可知徐变会降低混凝土的强度。因为，加荷速度越慢，荷载作用下徐变发展的越充分，相应测出的混凝土抗压强度也就越低。这和前面所述的加荷速度越慢测出的混凝土强度越低是同一个物理现象的两种不同表现形式。

8. 什么是混凝土的收缩？影响混凝土收缩的因素有哪几种？

答：混凝土在空气中凝结硬化的过程中，体积会随时间的推移不断缩小，这种现象称为混凝土的收缩。相反，在水中结硬的混凝土其体积会略有增加，这种现象称为混凝土的膨胀。

混凝土的收缩包括失去水分的干缩，它是在混凝土凝结硬化过程中内部水分散失引起的，一般认为这种收缩是可逆的，构件吸水后绝大部分会恢复。混凝土体内由于水泥凝胶体转化为结晶体的过程造成的体积收缩叫作凝缩，这种收缩是不可逆的变化，凝胶体结硬变为结晶体时吸水后不会逆向还原为具有黏弹性的凝胶体。

影响混凝土干缩的因素包括以下几个方面。

（1）水灰比越大，收缩越大。因此，在保证混凝土和易性和流动性的情况下，尽可能降低水灰比。

（2）养护和使用环境的湿度大，温度较低时水分散失的少，收缩就小。同等条件下加强养护提高养护环境的湿度是降低收缩的有效措施。

（3）体表比大，构件表面积相对越大，水分散失就越快，收缩就大。

影响凝缩的因素包括以下几个方面。

1）水泥用量多、强度高时收缩大。这是由于凝胶体份量多转化成结晶体的体积多，收缩就大。因此，在保证混凝土强度等级的前提下，要严格控制水泥用量，选择强度等级合适的水泥。

2）骨料级配越好，密度就越大，混凝土的弹性模量就越高，对凝胶体的收缩就会起到制约作用，故收缩就小。混凝土配合比设计和骨料选用时，合理的级配对降低混凝土的收缩作用明显。

由以上分析可知混凝土的收缩有些影响因素和混凝土徐变相似，但二者截然不同，徐变是受力变形，而收缩是体积变形，收缩和外力无关，这是二者的根本性区别。

9. 普通混凝土的组成材料有几种？它们各自的主要技术性能有哪些？

答：普通混凝土的组成材料有水泥、砂子、石子、水、外加剂或掺合料。前四种是组成混凝土的基本材料，后两种材料可根据混凝土性能的需要有选择的添加。

（1）水泥

水泥是混凝土的中最主要的材料，也是成本最高的材料，它也是决定混凝土强度和耐久性能的关键材料。水泥品种的选用：一般普通混凝土可用硅酸盐水泥、普通硅酸盐水泥、矿渣硅酸盐水泥、火山灰质硅酸盐水泥及粉煤灰硅酸盐水泥，复合硅酸盐水泥等通用水泥。

水泥强度等级的选择应根据混凝土强度等级的要求来确定，低强度混凝土应选择低强度等级的水泥。一般情况下对于强度等级低于 C30 的中、低强度混凝土，水泥强度等级为混凝土强度等级的 1.5～2.0 倍；高强混凝土，水泥强度等级与混凝土强度等级之比可小于 1.5，但不能低于 0.8。

（2）细骨料

细骨料是指公称直径小于 5mm 的岩石颗粒，也就是通常所称的砂。根据其生产来源不同可分为天然砂（河砂、湖砂、海砂和山砂）、人工砂和混合砂。混合砂是人工砂与天然砂按一定比例组合而成的砂。

配置混凝土的砂要求清洁不含杂质，国家标准对砂中的云母、轻物质、硫化物及硫化盐、有机物、氯化物等各种有害物含量以及海砂中的贝壳含量作了规定。含泥量是指天然砂中公称粒径小于 $80\mu m$ 的颗粒含量。泥块含量是指砂中公称粒径大于 1.25mm，经净水浸洗，手捏后变成小于 $630\mu m$ 的颗粒含量。有关国家标准和行业标准都对砂的含泥量、泥块含量、石粉含量作了限定。砂在自然风化和其他外界物理、化学因素作用下，抵抗破坏的能力称为其坚固性。天然砂的坚固性用硫酸钠溶液法检验，砂样经 5 次循环后其质量损失应符合国家标准的规定。砂的表观密度大于 $2500kg/m^3$，松散砂堆积密度大于 $1350kg/m^3$，空隙率小于 47%。砂的粗细程度和颗粒级配应符合规定要求。

（3）粗骨料

粗骨料是指公称直径大于 5mm 的岩石颗粒，通常称为石子。天然形成的石子称为卵石，人工破碎而成的石子称为碎石。

粗骨料中泥、泥块含量以及硫化物、硫酸盐含量、有机物等有害物质的含量应符合国家标准规定。卵石及碎石形状以及接近卵形或立方体为较好。针状和片状的颗粒自身强度低，而且空隙大，影响混凝土的强度，因此，国家标准中对以上两种颗粒含量作了规定。为了保证混凝土的强度，粗骨料必须具有足够的强度，粗骨料的强度指标包括岩石抗压强度、碎石抗压强度两种。国家标准同时对粗骨料的坚固性也做了规定，坚固性是指卵石及碎石在自然风化和物理、化学作用下抵抗破裂的能力，有抗冻性要求的混凝土所用粗骨料，要求测定其坚固性。

（4）水

混凝土用水包括混凝土拌合用水和养护用水。混凝土用水应优先选用符合国家标准的饮用水，混凝土用水中各种杂质的含量应符合国家现行标准《混凝土用水标准》JGJ 63—2006 的规定。

10. 轻混凝土的特性有哪些？用途是什么？

答：轻混凝土是指干表观密度小于 2000kg/m³ 的混凝土，包括轻骨料混凝土、多孔混凝土和大孔混凝土。

用轻粗骨料（堆积密度小于 1000kg/m³）和轻细骨料（堆积密度小于 1200kg/m³）或者普通砂与水泥拌制而成的混凝土，其表观密度不大于 1950kg/m³，称为轻骨料混凝土。分为由轻粗骨料和轻细骨料组成的全轻混凝土及细骨料为普通砂和轻粗骨料的砂轻混凝土。轻骨料混凝土可以用浮石、陶粒、煤渣、膨胀珍珠岩等轻骨料制成。

多孔混凝土以水泥、混合料、水及适量的加气剂（铝粉等）或泡沫剂为原料而成，是一种内部均匀分布细小气孔而无骨料的混凝土。大孔混凝土是以粒径相似的粗骨料、水泥、水配制而成，有时加入外加剂。

轻混凝土的主要特性包括：表观密度小；保温性能好；耐火性能好；力学性能好；易于加工等。轻混凝土主要用于非承重墙的墙体及保温隔声材料。轻骨料混凝土还可以用于承重结构，以达到减轻自重的目的。

11. 高性能混凝土的特性有哪些？用途是什么？

答：高性能混凝土是指具有高耐久性和良好的工作性能，早期强度高而后期强度不倒缩，体积稳定性好的混凝土。它的特征包括：具有一定的强度和高抗渗能力；具有良好的工作性能；耐久性好；具有较高的体积稳定性。

高性能混凝土时普通水泥混凝土的发展方向之一，它被广泛用于桥梁、高层建筑、工业厂房结构、港口及海洋工程、水工结构等工程中。

12. 预拌混凝土的特性有哪些？用途是什么？

答：预拌混凝土也称为商品混凝土，是指由水泥、骨料、水以及根据需要掺入的外加剂、矿物掺合料等组分按一定的比例，在搅拌站经计量、拌制后出售的并采用运输车，在规定时间内运至使用地点的混凝土拌合物。

预拌混凝土设备利用率高，计量准确、产品质量高、材料消耗少，工效高、成本较低，又能改善劳动条件，减少环境污染。

13. 常用混凝土外加剂有多少种类？

答：（1）按照主要功能分

混凝土外加剂按照主要功能分，可分为高性能减水剂、高效减水剂、普通减水剂、引气减水剂、泵送剂、早强剂、缓凝剂、引气剂。

（2）按照使用功能分

外加剂按其使用功能分可为四类：①改善混凝土流变性的外加剂，包括减水剂、泵送剂；②调节混凝土凝结时间、硬化性能的外加剂，包括缓凝剂、速凝剂、早强剂等；③改善混凝土耐久性的外加剂，包括引气剂、防水剂、阻锈剂和矿物外加剂等；④改善混凝土其他性能的外加剂，包括加气剂、膨胀剂、防冻剂及着色剂。

14. 常用混凝土外加剂的品种及应用有哪些内容？

答：（1）减水剂

减水剂是一种使用最广泛、品种最大的一种外加剂，按其用途不同进一步可以分为普通减水剂、高效减水剂、早强减水剂、缓凝减水剂、缓凝高效减水剂、引气减水剂等。

（2）早强剂

早强剂是加速水泥水化和硬化，促进混凝土早期强度增长的外加剂。可缩短混凝土养护龄期，加快施工进度，提高模板和场地周转率。常用的早强剂有氯盐类、硫酸盐类和有机胺类。

1）氯盐类早强剂。它主要有氯化钙、氯化钠，其中氯化钙是国内外使用最广的一种早强剂。为了抑制氯化钙对钢筋的腐蚀作用，常将氯化钙与阻锈剂复合使用。

2）硫酸盐类早强剂。它包括硫酸钠、硫代酸钠、硫酸钾、硫酸铝等，其中硫酸钠使用最广。

3）有机胺类早强剂。它包括三乙醇胺、三异丙醇胺等，前者常用。

4）复合早强剂。以上三类早强剂在使用时，通常复合使用。复合早强剂往往比单组分早强剂具有更优良的早强效果，掺量也可以比单组分早强剂有所降低。

（3）缓凝剂

缓凝剂它可以在较长时间内保持混凝土工作性，延缓混凝土凝结和硬化时间的外加剂。它分为无机和有机两大类。其主要成分为多羟基化合物、羟基羟酸盐及其衍生物、高糖木质素磺酸盐，一些无机盐加氯化锌等也有缓凝作用。

缓凝剂适用于较长时间运输的混凝土、高温季节施工的混凝土、泵送混凝土、滑模施工混凝土、大体积混凝土、分层浇筑的混凝土，不适用 5℃ 以下施工的混凝土，也不适用于有早强要求的混凝土及蒸汽养护的混凝土。

（4）引气剂

引气剂是一种在搅拌过程中具有在砂浆或混凝土中引入大量、均匀分布的气泡，而且在硬化后能保留在其中的一种外加剂。进入引气剂可以改善混凝土拌合物的和易性，显著提高混凝土的抗冻性能和抗渗性能，但会降低混凝土的弹性模量和强度。

引气剂有松香树脂类，烷基苯磺酸盐类和脂肪醇磺酸盐类，其中松香树脂中的松香热聚物和松香皂应用最多。

引气剂适用于配制抗冻混凝土、泵送混凝土、港口混凝土、防水混凝土以及骨料质量差、泌水严重的混凝土，不适宜配制蒸汽养护的混凝土。

（5）膨胀剂

膨胀剂是一种使混凝土体积产生膨胀的外加剂。常用的膨胀剂种类有硫铝酸钙类、氧化钙类、硫铝酸—氧化钙类等。

（6）防冻剂是能使混凝土在温度为零下硬化并能在规定条件下达到预期性能的外加剂。常用防冻剂有氯盐类（氯化钙、氯化钠、氯化氮等）；氯盐阻锈类；氯盐与阻锈剂（亚硝酸钠）为主的复合外加剂，无氯盐类（硝酸盐、亚硝酸盐、乙钠盐、尿素等）。

（7）泵送剂

泵送剂是改善混凝土泵送性能的外加剂。它由减水剂、调凝剂、引气剂、润滑剂等多种组分复合而成。

（8）速凝剂

速凝剂是使混凝土迅速凝结和硬化的外加剂。能使混凝土在5min 内初凝，10min 内终凝，1h 内产生强度。速凝剂主要用于喷射混凝土、堵漏等。

15. 砌筑砂浆分为哪几类？它们各自的特性各有哪些？砌筑砂浆组成材料及其主要技术要求包括哪些内容？

答：砌筑砂浆是由胶凝材料、细骨料加水拌合而成的，特殊情况下根据需要掺入塑性掺合料和外加剂，按照一定的比例混合后搅拌而成。砂浆的作用是将砌体中的块材粘结成整体共同工作；同时，砂浆平整地填充在块材表面能使块材和整个砌体受力均匀；由于砌体填满块材间的缝隙，也同时提高了砌体的隔热、保温、隔声、防潮和防冻性能。

（1）水泥砂浆

水泥砂浆是指用胶凝材料水泥和细骨料、水按一定比例配制而成的一种建筑工程材料。其强度高、耐久性好，适用于强度要求较高、潮湿环境的砌体。但和易性及保水性差，在强度等级相同的情况下，用同样块材砌筑而成的砌体强度比砂浆流动性好的混合砂浆砌筑的砌体要低。

（2）混合砂浆

混合砂浆是指在水泥砂浆的基本组成成分中加入塑性掺合料（石灰膏、黏土膏）拌制而成的砂浆。它强度较高、耐久性较好、和易性和保水性好，施工灰缝容易做到饱满平整，便于施工。一般墙体多用混合砂浆，但潮湿环境不适宜用混合砂浆。

（3）非水泥砂浆

它是不含水泥的石灰砂浆、黏土砂浆、石膏砂浆的统称。其强度低、耐久性差，通常用于地上简易的建筑。

砌筑砂浆的技术性质主要包括新拌砂浆的密度、和易性、硬化砂浆强度和对基面的粘结力、抗冻性、收缩值等指标。其中强度和和易性是新拌砂浆两个重要技术指标。

新拌砂浆的和易性是指砂浆易于施工并能保证质量的综合性质。和易性好的砂浆不仅在运输施工过程中不易产生分离、离析、泌水，而且能在粗糙的砖、石表面铺成均匀的薄层，与基层保持良好的粘结，便于施工操作。和易性包括流动性和保水性两个方面。流动性是指砂浆在重力和外力作用下产生流动的性能。通常用砂浆稠度仪测定。砂浆的保水性是指新拌砂浆能够保持内部水分不泌出、不流失的能力。砂浆的保水性用保水率（％）表示。

新拌砂浆的强度以 3 个 70.7mm×70.7mm×70.7mm 的立方体试块，在标准状况下养护 28d，用标准方法测得的抗压强度（MPa）算术平均值来评定。砂浆强度等级分为 M5、M7.5、M10、M15、M20、M25、M30 七个等级。

16. 普通抹面砂浆、装饰砂浆的特性各有哪些？在工程中怎样应用？

（1）普通抹面砂浆

抹面砂浆也称抹灰砂浆，是指涂抹在建筑物或建筑构件表面的砂浆。它既可以保护墙体不受风雨、潮气等侵蚀，提高墙体的耐久性；同时也使建筑物表面平整、光滑、清洁和美观。

按使用功能不同，抹灰砂浆可以分为配套抹面砂浆、装饰砂浆和特殊功能的抹面砂浆（如防水砂浆、耐酸砂浆、绝热砂浆、吸声砂浆等）。

常用的普通抹面砂浆有水泥砂浆、水泥石灰砂浆、水泥粉煤灰砂浆、掺塑化剂水泥砂浆、聚合物水泥砂浆、石膏砂浆。为了保证抹灰表面的平整，避免开裂和脱落，抹灰砂浆通常分为底层、中层和面层。各层抹灰的作用和要求不同，各层用的砂浆性质也不相同。各层所使用的材料和配合比及施工做法应视基础材料品种、部位及气候环境而定。

①普通抹灰砂浆的流动性和砂子的最大粒径

为了便于涂抹，普通抹面砂浆要求比砌筑砂浆具有更好的和易性，因此胶凝材料和掺合料的用量比砌筑砂浆多一些。普通抹灰砂浆的流动性和砂子的最大粒径可参考表1-1。

普通抹灰砂浆的流动性和砂子的最大粒径参考值　表 1-1

抹面层	稠度（mm）	砂的最大粒径（mm）
底层	90~110	2.5
中层	70~90	2.5
面层	70~80	1.2

②普通抹灰砂浆的配合比

普通抹灰砂浆的配合比参考值详见表1-2。

普通抹灰砂浆的配合比参考值　　　表 1-2

材　料	配合比（体积比）范围	应用范围
石灰∶砂	1∶1～1∶4	用于砖石墙表面（檐口、勒角、女儿墙以及潮湿房间的墙除外）
石灰∶石膏∶砂	1∶0.4∶2～1∶1∶3	干燥环境墙表面
石灰∶石膏∶砂	1∶2∶2～1∶2∶4	用于不潮湿房间的线脚及其他装饰工程
石灰∶水泥∶砂	1∶0.5∶4.5～1∶1∶5	用于檐口、勒角、女儿墙以及比较潮湿的部位
水泥∶砂	1∶3～1∶2.5	用于浴室、潮湿车间等墙裙、勒角或地面基层
水泥∶砂	1∶2～1∶1.5	用于地面、顶棚或墙面面层
水泥∶石膏砂∶锯末	1∶1∶3	用于吸声粉刷
水泥∶白石子	1∶1∶1	用于水磨石（打底用 1∶2.5 水泥砂浆）
水泥∶白石子	1～1∶1.5	用于斩假石（打底用 1∶2.5 水泥砂浆）
纸筋∶白石灰	纸筋 0.36kg∶灰膏 0.1m³	较高级墙板、顶棚

（2）装饰砂浆

涂抹在建筑物内外墙表面，以增加建筑物美观效果的砂浆称为装饰砂浆。它与普通砂浆的主要区别在面层，装饰砂浆的面层要选择具有一定颜色的胶凝材料和集料并采用特殊的施工操作方法，以使表面呈现出不同的色彩线条和花纹装饰效果。

装饰砂浆常用的胶凝材料有白水泥以及石灰、石膏等。细骨料常用大理石、花岗岩等带颜色的细石碴或玻璃、陶瓷碎粒等。装饰砂浆常用的工艺做法包括水刷石、水磨石、拉毛等。

17. 天然饰面用石材怎样分类？它们各自在什么情况下应用？

答：（1）天然大理石板材

1）天然大理石板材。建筑装饰工程上所指的天然大理石是

30

指具有装饰功能，可以磨平、抛光的各种碳酸岩和与其有关的变质岩，如大理石、石灰岩、白云岩等。从大理石矿体开采出来的天然大理石块经锯切、磨光等加工后称为大理石板材。

2）天然大理石板材的特性。天然大理石质地密实、抗压强度较高、吸水率低；易加工、开光性好、色调丰富、材质细腻，大多数大理石含有多种矿物，加工后表面呈现云彩状、枝条状或圆圈状的多彩花纹，形成大理石独特的天然美，极富装饰性。但是，大理石属碱性中硬性石材，在大气中受硫化物及水汽形成的酸雨长期作用，容易发生腐蚀，造成表面强度降低、变色掉粉、失去光泽，影响装饰性能。

3）天然大理石板材的应用。天然大理石是高级装饰材料，因其抗风化性能较差，一般只用于室内饰面，如墙面、地面、柱面、台面、栏杆、踏步等，由于其耐磨性较差，不宜用于人流较多的公共场所地面。少数致密、质纯的品种（汉白玉、艾叶青等）可用于室外。

（2）天然花岗岩石材

1）天然花岗石板材。建筑装饰工程上所指的天然花岗石是指以花岗岩为代表的一类装饰石材，包括各类以石英、长石主要组成矿物，并含有少量云母和暗色矿物的岩浆岩和花岗质的变质岩，如花岗岩、辉绿岩、玄武岩等。

2）天然花岗石板材的特性。花岗岩经人工加工后制成品成为花岗石。花岗石属酸性硬石材，构造致密、强度高、密度大、吸水率低、质地坚硬、耐磨、耐酸、抗风化、耐久性好，使用年限长，有黑白、黄麻、灰色、黑色、红色等，品质优良的花岗岩中石英含量高，云母含量少，结晶颗粒分布均匀，纹理呈斑点状，有深浅层次，构成了该类石材的独特装饰效果。但是，花岗岩所含石英会在高温下发生晶变，体积膨胀而开裂，因此并不耐火。

3）天然花岗石板材的应用。花岗岩石材主要用于大型公共建筑要求装饰等级要求较高的室外装饰工程。粗面板和亚光面板常用于室外地面、墙面、柱面、基座、台阶等；镜面板主要用于室内外地面、墙面、柱面、基座、台阶等，特别适宜于大型公共建筑大厅的地面装饰。

（3）青石板

1）青石板。青石板是从砂岩矿体开采出来的天然砂岩块经锯切、磨光等加工而成的。

2）青石板的特性。它质地密实、强度中等、易于加工。常用的青石板的色泽为豆青色、绿豆青色和青色带灰白结晶颗粒等多种。

3）青石板的应用。它是理想的建筑装饰材料，常用于建筑墙裙、地坪铺贴以及庭院栏杆（板）、台阶石等。

18. 人造装饰石材分哪些品种？它们各自的特性及应用各是什么？

答：人造石材是以水泥或不饱和聚酯、树脂为胶粘剂，以天然大理石、花岗岩碎料或方解石、白云石、石英砂、玻璃粉等无机矿物质为骨料，加入适量的阻燃剂、稳定剂、颜料等，经过拌合、浇注、加压成型、打磨抛光以及切割等工序制成的板材。它可分为以下四类：

（1）水泥型人造石材

水泥型人造石材是以各类水泥为胶结材料，天然大理石、花岗岩碎料为粗骨料，砂为细骨料，经过搅拌、成型、养护、打磨抛光以及切割等工序制成。若在配制过程中加入颜料，便可制成彩色水泥石材。水磨石和各类花阶砖均属于水泥型人造石。种类人造石取材方便，价格低廉，但装饰性能差。

（2）树脂型人造石材

树脂型石材是以不饱和聚酯、树脂为胶粘剂，将天然大理石、花岗岩、方解石碎料及其他无机填充料按一定比例配合，再加入固化剂、催化剂、颜料等，经过搅拌、成型抛光等工序加工而成，如人造大理石、人造花岗岩、微晶玻璃等。这类人造石具有光泽好、色彩鲜艳丰富、可加工性强、装饰效果好的优点，是目前国内外主要使用的人造石材。

（3）复合型人造石材

复合型人造石材采用了有机和无机两种胶结材料。先用无机胶结材料（水泥或石膏）将填料粘结成型，硬化后再将所有的坯体浸渍于有机单体（如苯乙烯、甲基丙烯酸甲酯、醋酸乙烯、丙烯酸等）中。使其在一定条件下聚合而成。复合型人造石的特点是造价低，装饰效果好，但受温差影响后聚酯面容易产生剥落和开裂，耐久性差。

（4）烧结型人造石

烧结型人造石材是以长石、石英石、方解石等的石粉和赤铁粉及部分高岭土混合，用泥浆法制坯，半干法压法成型，在窑炉中高温焙烧而成。烧结型人造石材装饰性好，性能稳定。缺点是经高温焙烧能耗大，产品破碎率高，从而导致造价高。

由于人造石材的规格、形状、颜色、图案以及表面处理均可以人为控制，因此，其性能在许多方面超过天然石材。总体上说，人造石材量小、强度高、色泽均匀、耐腐蚀、耐污染、施工方便、品种多样、装饰性能、价格便宜，广泛应用于各种室内外墙面、挂面、室内地面、楼梯面板以及盥洗台面、服务台面的装饰、还可加工成浮雕、艺术品、美术装潢品和陈列品等。

19. 木材怎样分类？各类木材特性及应用有何不同？

答：建筑中常用的木材有原木、板材和方木三类。原木是指去皮、根、树梢后但尚未按一定尺寸加工成规定直径和长度的木料；板材和方木统称为锯材；板材是指截面宽度为厚度的 3 倍或 3 倍以上的木料；方木是指截面宽度不足厚度 3 倍的木料。

木材的主要特性包括如下几点：

（1）力学性能好。木材的强度高，顺纹抗拉强度很高。

（2）隔声、隔热性能好。木材导热系数低、热容量大，是优质的保温材料，且对电、热的绝缘性好。木材固有的纤维结构导致其具有扩大、吸收、反射或阻隔其他物体产生声音的能力，对演奏厅、播音室等对音质要求高的建筑中可使用木材。

（3）装饰性能好。自然天成的生长轮和木射线形成的木质独有的纹理，加上其深浅不一的颜色，使木材具有独特高贵的装饰气质。

（4）可加工性能好。木材可以锯、刨、钉，易于加工成各种形状。

（5）不耐腐蚀、不抗蛀蚀、易变形、易燃烧、有木节和斜纹理等。需要进行防腐、阻燃、塑合等处理。

在装饰工程中木材可用于门窗、顶棚、护壁板、栏杆、龙骨等。

20. 人造板的品种、特性及应用各包括哪些内容？

答：为了节约资源，改善木材性能上的不足，同时提高木材的利用率和使用年限，将木材加工中的大量边角、碎屑刨花小块等再加工，生产各种人造板已成为综合利用的重要途径之一。与锯材相比，人造板的优点是：幅面大、结构性好、施工方便、膨胀和收缩率低、尺寸稳定，材质较锯材均匀，不易变形开裂。人造板的缺点是：胶层会老化、长期承载力差，使用期限比锯材短得多，存在一定的有机物污染。

常用的板材有下列几种：

（1）细木工板

细木工板又称大芯板，是中间为木板条拼接，两个表面胶粘一层或两层单片板而成的实心板材。由于中间为木条拼接有缝隙，因此可降低木材变形造成的影响。细木工板有较高的强度和硬度，质轻、耐久、易加工，适用于家具制造和建筑装饰装修，是一种极有发展前景的新型木材。

（2）胶合板

胶合板是圆木按年轮旋切成薄片，经选切、干燥、涂胶后，按木材纹理综合交错，以奇数层数，经加压加工而成的人造板材。一般为 3～13 层，分别称为三合板、五合板等。由于胶合板的相邻木片的纤维互相垂直，在很大程度上克服了木材的各向异性的缺点，使之具有良好的物理力学性能。胶合板具有材质均匀、强度高、幅面大，兼有木纹真实、自然的特点，被广泛用作室内护壁板、门框、面板的装修及夹具制作。

（3）纤维板

纤维板是用木材碎料（甘蔗渣等植物纤维）作原料，经切削、软化、磨浆、施胶、成型、热压等工序制成的一种人造板材。纤维板材质均匀、各项强度一致，弯曲强度较大、耐磨、不腐朽、无木节、虫眼等缺陷，具有一定的绝缘性能。其缺点是背面有网纹，造成板材两面表面积不等，吸湿后因产生膨胀力差异使板材翘曲变形；硬质板材表面坚硬，钉钉困难，耐水性差。干法纤维板虽然避免了某些缺点，但成本较高。

硬质纤维板和中密度纤维板一般用作隔墙、地面、家具等。软质纤维板质轻多孔，为人造吸声材料，且不宜用在潮湿处，其表面粘贴塑料贴面或胶合板作饰面层后可作吊顶、隔墙、家具等。

21. 建筑装饰钢材有哪些种类？各自的特性是什么？在哪些场合使用？

答：钢材除具有性能可靠、强度高、抗拉、抗压、抗冲击和抗疲劳等特性外，还具有一定的塑性、韧性等优点，以及可焊接、铆接、螺栓连接、可切割和弯曲等易于加工的性能，工程中使用较多。但是钢材的防腐、防火性能差，如加热至 670°左右时，强度几乎丧失，所以，未经防锈、防火处理的钢构件要进行处理后方可在特殊场合使用。建筑装饰用的型钢包括以下类型：

装饰工程常用的热轧型钢有 H 型、T 型、工字型、槽钢、L型和管钢等，如图 1-1 所示。

（1）热轧 H 型钢和 T 型钢

它们是近年来我国钢结构中广泛应用的热轧型钢之一，它的

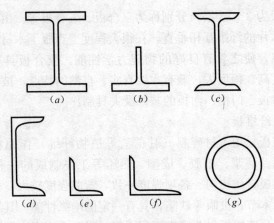

图 1-1　热轧型钢

国家标准为《热轧 H 型钢和剖分 T 型钢》GB/T 11263—2010。H 型钢和剖分 T 型钢的截面形状与传统的工字钢、槽钢及角钢相比是更为合理的截面，在截面面积相同的条件下 H 截面钢所能提供的抵抗矩 W_x 要比工字型截面大 5%～10%，截面宽度方向的 I_y 要比工字型截面大 1～1.3 倍。且其内外表面平行，便于和其他构件连接，因此只需简单加工便可方便地用于柱、梁和屋架等构件。热轧 H 型钢分为宽翼缘、中翼缘和窄翼缘等三种，此外还有 H 型钢桩，其代号分别为 HW（英文 wide）、HM（英文 middle）、HN（英文 narrow）。对于宽翼缘 H 型钢 HW 翼缘的宽度 B 与其截面高度 H 一般相等，适用于制作柱；中翼缘宽度的 H 型钢 HM 截面宽度一般为截面高度的 1/2～2/3，适用于制作柱或梁；窄翼缘 H 型钢的截面宽度一般为截面高度的 1/2～1/3，适用于梁。T 型钢同样也分为宽翼缘、中翼缘和窄翼缘等三种，其代号分别为 TW、TM、TN 三类。H 型和 T 型结构钢规格标记均采用截面高度 H×截面宽度×腹板厚度 t_1×翼缘厚度 t_2。如 HW400×400×21×21 表示宽翼缘 H 型钢翼缘宽和截面高均为 400，腹板和翼缘厚度均为 21mm。用其剖分的 T 型钢为宽翼缘 TW200×400×21×21 型钢。

（2）工字型钢

工字钢型号用符号"I"表示，后面的号数代表截面高度的厘米数。普通工字钢同一号数中又分为 a、b、c 类型。如 I36a 工字钢表示 36 号 a 类普通工字钢，截面高度为 360mm，截面宽度 136mm，腹板厚度为 10.0mm，翼缘厚度为 15.8mm。同理，其他型号的工字钢可查规范附表。工字钢选用时应尽量选用腹板厚度最薄的 a 类，这是由于同型号的工字钢中 a 类重量最轻，截面惯性矩相对较大。我国工字钢最大型号为 63 号，长度 5～19m。工字钢由于宽度方向的惯性矩和回转半径比高度方向的小得多，因此，在选用时尽量让其在惯性矩和回转半径较大的方向承受弯矩作用。

（3）槽钢

槽钢型号用符号"ɡ"及号数表示，号数代表截面高度的厘米数，14 号以上的普通热轧槽钢分为 a、b 两类，24 号以上的槽钢分为 a、b、c 类，其腹板厚度和翼缘宽度均分别依次递增 2mm。热轧普通槽钢翼缘内表面是斜度为 1/10 斜面。它翼缘宽度比截面高度小很多，截面对弱轴垂直于翼缘的主轴惯性矩小，且弱轴方向不对称，槽钢的截面特性可查规范相关手册。热轧普通槽钢的型号以符号ɡ截面高度×翼缘宽度×腹板厚度表示其单位 mm，号数也表示截面高度的厘米数。如 20a 槽钢可用ɡ 200×73×7，则该 20 号槽钢截面高度为 200mm，宽度为 73mm，腹板厚度为 7mm。我国槽钢最大型号为 40 号，长度 5～19m。

（4）角钢

角钢是由两个互相垂直的肢热轧成直角形成的，分为两肢相同的等肢角钢和两肢不相同的不等肢角钢两大类。等角钢的代号为 L 肢宽×肢厚，其单位为 mm。不等肢角钢的代号为 L 长肢宽×短肢宽×肢厚，单位为 mm。L 70×6 表示的是等肢角钢肢宽 70mm，肢厚 6mm；L 90×56×6 表示的是不等肢角钢长肢宽度为 90mm，短肢宽度为 56mm，肢厚 6mm。等肢角钢和不等肢角钢的截面特性可分别参见相关手册附表。

（5）管钢

管钢是现代钢结构中比较常见的型钢之一，工程中有着不可替代的作用。我国现阶段生产的管钢分为无缝钢管和焊接钢管两类。型号用"ϕ"和外径×壁厚的毫米数表示。如 $\phi235\times16$ 为外径为 235mm，壁厚为 16mm 的钢管。我国生产的最大无缝钢管为 $\phi1016\times120$，最大焊接钢管为 $\phi2540\times65$。

22. 铝合金装饰材料有哪些种类？各自的特性是什么？在哪些场合使用？

答：（1）铝合金分类及牌号

在铝中添加镁、锰、铜、硅、锌等合金元素形成的铝基合金称铝合金。铝合金既保持了铝的轻质特性，同时，机械性能明显提高，是典型的轻质高强材料，同时其耐腐性和低温冷脆性能得到大大改善。其主要缺点是弹性模量小、热膨胀系数大、耐热性低，焊接需要用惰性气体变化焊等焊接技术。

各种铝合金的牌号分别用汉语拼音字母和顺序号表示，顺序号不直接表示合金元素的含量。代表各种变形铝合金的汉语拼音字母如下：LF——防锈铝合金（简称防锈铝）；LY——硬铝合金（简称硬铝）；LC——超硬铝合金（简称超硬铝）；LD——锻铝合金（简称锻铝）；LT——特殊铝合金。

常用的防锈铝合金的牌号为：LF21、LF2、LF3、LF5、LF6、LF11 等。常用的硬铝合金有 11 个牌号，LY12 是硬铝的典型产品。常用的超硬铝有 8 各牌号，LC9 是该合金应用较早、较广的产品。锻铝的典型牌号为 LD30 和 LD31。

（2）铝合金制品

建筑装饰工程中常用的铝合金制品有：铝合金门窗、铝合金装饰板及吊顶，铝及铝合金波纹板、压型板、冲孔平板以及铝箔等。它们具有承重、耐用、装饰、保温、隔热等优良性能。为节省篇幅这里不再一一介绍。

23. 不锈钢装饰材料有哪些种类？各自的特性是什么？在哪些场合使用？

答：当钢材中加入足够量的铬（Cr）元素时，就足以在钢的表面形成一层惰性的氧化铬膜，大大提高其耐腐蚀性，这就成为不锈钢。铬的含量越高，钢的抗腐蚀性能越好。不锈钢属于合金钢中的特殊性能钢。除铬以外，不锈钢中还含有镍、锰、钛、硅等元素，这些元素都会影响不锈钢的强度、塑性、韧性和耐腐性。建筑装饰工程中使用的不锈钢材料主要有不锈钢板、钢管和线材。其他新型不锈钢材料还有不锈钢厨卫设备、不锈钢五金配件。其表面可是无光泽的和高度抛光发亮的。如果通过化学浸渍处着色理。可得红色、蓝色、黄色、绿色等各种彩色不锈钢，既保持了不锈钢原有的优良耐腐性能，又进一步提高了其装饰效果。

（1）不锈钢装饰板材

不锈钢装饰板材按其表面不同可以分为镜面板、磨砂板、喷砂板、蚀刻板压花板和复合板（组合板）等。彩色不锈钢板是在不锈钢板上进行技术性和艺术性加工，使其表面成为具有各种绚丽色彩的不锈钢板，能满足各种装饰要求。

不锈钢板耐火、耐潮、耐腐蚀、不会变形和破碎，安装施工方便，是一种很好的装饰材料，特别是彩色不锈钢板，因其色彩绚丽、雍容华贵、彩色面层经久不褪色，色泽会随不同光照角度不同会产生色调变幻，常被用作高档装饰板材。不锈钢板可用于高级宾馆、饭店、舞厅、会议厅、展览馆、影剧院等墙面、柱面、顶棚面、造型面以及门面、门厅等的装饰。

（2）不锈钢管材

不锈钢管材分无缝管和焊接管两大类。按断面可分为圆管和异形管。广泛应用的是圆形管，但也有一些方形管、矩形管、半圆管、六角形管、等边三角形管、八角形管等异形管。不锈钢管材一般用于门窗配件、厨房设备、卫生间配件、高档家具、楼梯扶手、栏杆等。

（3）不锈钢线材

不锈钢线材主要有角形线和槽形线两类，具有高强、耐腐、表面光洁如镜、耐水、耐磨、耐气候变化等特点。不锈钢线材的装饰效果好，属于高档装饰材料，可用于各种装饰面的压边线、收口线、柱角压线等处。

24. 常用建筑陶瓷制品有哪些种类？各自的特性是什么？在哪些场合使用？

答：陶瓷制品按其烧结程度可分为陶质、瓷质、炻质（介于陶器和瓷器之间的一种陶瓷制品，如水缸等）三大类。建筑陶瓷制品最常用的有以下几种。

（1）陶瓷砖

陶瓷砖是用于建筑物墙面、地面的陶质、炻质和瓷质的饰面砖的总称。按表面特性分为有釉砖和无釉砖两种；按成型方法分为挤压法和干压法两种；按吸水率分为低吸水率砖、中吸水率砖和高吸水率砖。

地砖大多为低吸水率砖，主要特征是硬度大、耐磨性好、胎体较厚、强度较高、耐污染性好。主要品种有各类瓷质砖（施釉、不施釉、抛光、渗花砖等）、彩色釉面砖、红地砖、霹雳砖等。其中抛光砖是表面经过再加工的产品，装饰效果好，但耐污染性能差，因此，要选用经过表面处理的产品。其生产过程能耗高、粉尘和噪声污染严重，对土地和矿山开采会影响环境质量，不属于绿色产品。

建筑外墙砖通常要求采用用吸水率小于10%的墙面砖。其表面分为无釉和有釉两种。吸水率小的可以不施釉、吸水率大的外墙砖施釉，其釉面多为亚光或无光。陶瓷外墙砖的主要品种为彩色釉面砖，选用时应根据室外气温的不同，选择不同吸水率的砖，如寒冷地区应选用低吸水率的砖。

陶质砖，主要用作卫生间、厨房、浴室等内墙的装饰与保护。陶质砖不适宜用于室外。

（2）陶瓷锦砖

陶瓷锦砖又称"马赛克"，分为有釉和无釉两种，系指边长不大于40mm、具有多种色彩和不同形状的小砖块镶拼组成花色图案的陶瓷制品，吸水率低。主要用于洁净车间、化验室、浴室等室内地面铺贴以及高级建筑物的外墙面装饰。

（3）琉璃制品

琉璃制品是覆有琉璃釉料的陶质器物。其常见的色彩有金黄蓝和青，主要产品有琉璃瓦、琉璃砖、琉璃兽、琉璃花窗和栏杆等。琉璃表面光滑、色彩绚丽、造型古朴、坚实耐久，富有民族特色，是我国传统的建筑装饰材料。

（4）卫生陶瓷

卫生陶瓷属细炻质制品，如洗面器、洗涤器、大便器、小便器、水箱、水槽等，主要用于浴室、盥洗室、厕所等处。

近年来墙面砖有出现了许多新产品，如渗水多孔砖、保温多孔砖、变色釉面砖、抗菌陶瓷砖和抗静电陶瓷砖。墙面砖选用时，除满足装饰效果外，尽量选择吸水率低，尺寸稳定性好的产品。

25. 普通平板玻璃的规格和技术要求有哪些?

答：建筑玻璃是以石英砂、纯碱、长石和石灰石等为主要原料，经熔融、成型、冷却固结而成的非结晶无机材料。其主要成分是二氧化硅（SiO_2，占70%左右）。为使玻璃具有某种特性或者改善玻璃的某些性质，常在玻璃原料中加入一些辅助原料，如助熔剂、着色剂、脱色剂、乳浊剂、澄清剂、发泡剂等。

按功能可将建筑用玻璃分为普通玻璃、吸热玻璃、防水玻璃、安全玻璃、装饰玻璃、漫射玻璃、镜面玻璃、热反射玻璃、低辐射玻璃、隔热玻璃等。

普通玻璃（原片玻璃）是一种未经进一步加工的钠钙硅酸盐质平板玻璃制品。其透光率在85%～90%，是建筑工程中用量最大的玻璃。

（1）普通平板玻璃的规格

引拉法玻璃有 2mm、3mm、4mm、5mm、6mm 五种。

浮法玻璃有 3mm、4mm、5mm、6mm、8mm、10mm、12mm 七种。

引拉法生产的玻璃其长宽比不得大于 2.5，其中 2mm、3mm 厚的玻璃不得小于 400mm×300mm；4mm、5mm、6mm 厚的玻璃不得小于 600mm×400mm；浮法玻璃尺寸一般不小于 1000mm×1200mm，但不得大于 2500mm×3000mm。

（2）普通玻璃的技术要求

透光率应满足《普通平板玻璃》GB 5871 的规定。根据其外观质量如波筋、气泡、划伤、砂粒、疙瘩、线道和麻点将其划分为优等品、一等品、合格品三个级别。浮法玻璃按外观质量如光学变形、气泡、夹杂物、划伤、线道和雾斑将其划分为优等品、一等品、合格品三个级别。

普通平板玻璃采用木箱或集装箱（架）包装，在贮存运输时，必须箱盖向上，垂直立放并需注意防潮、防雨，存放在不结雾的房间内。

26. 安全玻璃、玻璃砖各有哪些主要特性？应用情况如何？

答：（1）安全玻璃

为减少玻璃脆性，提高其强度，通过对普通玻璃进行增强处理，或与其他材料复合，或采用加入特殊成分等方法来加以改性。经过增强改性后的玻璃称为安全玻璃，常用的安全玻璃有钢化玻璃（又称强化玻璃）、夹丝玻璃和夹层玻璃。

1）钢化玻璃。钢化玻璃分为物理钢化和化学钢化两种。钢化玻璃表面层产生残余压缩应力，而使玻璃的抗折强度、抗冲击性、热稳定性大幅度提高。物理钢化玻璃破碎时形成圆滑的微粒状，有利于人身安全，用于高层建筑的门窗、幕墙、隔墙、桌面玻璃、炉门上的观察窗以及汽车风挡、电视屏幕等。

2）夹丝玻璃。这类玻璃是将平板玻璃加热到红热状态，再将预热处理的金属丝压入玻璃中而制成。它的耐冲击性和耐热性好，除在外力作用和温度骤变时破而不散外，还具有防火、防盗性能。夹丝玻璃适用于公共建筑的阳台、楼梯、电梯间、走廊、厂房天窗和各种采光屋顶。

3) 夹层玻璃。夹层玻璃系两片或多片玻璃之间夹透明塑料薄膜，经加热、加压粘合而成。夹层玻璃有 3、5、7、9 层。9 层时成为防弹玻璃。它的抗冲击性能比平板玻璃高几倍，破碎时只产生辐射状裂纹而不分离成碎片，不致伤人。它还具有耐久、耐热、耐湿、耐寒和隔声性能好等特点，适用于有特殊要求的建筑物的门窗、隔墙、工业厂房的天窗和某些水下工程。

（2）玻璃砖

玻璃砖分为实心和空心两类。空心玻璃砖又分为单腔和双腔两种。玻璃砖的形状和尺寸有多种，砖的内外表面可制成光面和挖土花纹面，有无色透明和彩色的。形状有方形、矩形以及各种异型砖。玻璃砖具有透光不透视、保温隔声、密封性强、不透灰、不结漏、能短期隔断火焰、抗压耐磨、光洁明亮、图案精美、化学稳定性强等特点。可用于透光屋面、非承重外墙、内墙、门厅、通道等浴室等隔断。特别适用于宾馆、展览馆、体育馆等高级建筑。

27. 节能玻璃、装饰玻璃各有哪些主要特性？应用情况如何？

答：（1）节能玻璃

1) 吸热玻璃。这种玻璃是能吸收大量红外线辐射能并保持较高可见光透射率的玻璃。一种方法是在普通钠钙硅酸盐玻璃的原料中加入一定量有吸热性能的着色剂、如氧化铁、氧化钴以及硒等。还可以在平板玻璃表面喷镀一层或多层金属或金属氧化物镀膜制成。其颜色有灰色、茶色、蓝色、绿色、古铜色、青铜色、粉红色和金黄色等。它能吸收更多的太阳辐射热，具有防眩效果，而且可以吸收一定的紫外线。它广泛用于建筑门窗以及车、船挡风玻璃等，起隔热、防眩和装饰作用。

2）热反射玻璃。它也称为镜面玻璃，具有较高的热反射能力而且又保持良好的透光性的平板玻璃。它通过热解、真空蒸镀和阴极溅射等方法，在玻璃表面涂以金、银、铝、铬、镍和铁等金属或金属氧化物薄膜，或采用电浮法等离子交换方法，以金属离子置换玻璃表面原有的离子而形成热反射膜。热反射玻璃有金色、茶色、灰色、紫色、褐色、青色、青铜色和浅蓝色等。热反射玻璃具有良好的隔热性能，它具有单向透像的作用，白天能在室内看到室外景物，而室外却看不到室内的景物。它通常用于建筑物门窗、玻璃幕墙、汽车和轮船的玻璃。

3）中空玻璃。中空玻璃是将两片或多片玻璃相互间隔12mm镶于边框中，且四周加以密封，间隔空腔中充满干燥空气或惰性气体，也可在框底放干燥剂。为了获得更好的声控、光控和隔热效果，还可充以各种漫反射光线的材料、电介质等。中空玻璃可以选用不同规格的玻璃原片厚度为 3mm、4mm、5mm、6mm，充气层厚度一般为 6mm、9mm、12mm 等。中空玻璃具有良好的绝热、隔声效果而且露点低、自重轻。适用于需要供暖、空调、防止噪声、防止结露以及需要无直射阳光和特殊光的建筑物，如住宅、办公楼、学校、医院、宾馆、恒湿恒温的实验室以及工厂的门窗、天窗和玻璃幕墙等。

（2）装饰玻璃

装饰玻璃是指用于建筑物表面装饰的玻璃制品，包括板材和砖材。主要有彩色玻璃、玻璃贴面砖、玻璃锦砖、压花玻璃、磨砂玻璃等。种类较多，为节省篇幅这里从略。

28. 内墙涂料的主要品种有哪些？它们各自有什么特性？用途如何？

答：内墙涂料可分为以下几类：

（1）水溶性内墙涂料

水溶性内墙涂料有聚乙烯醇水玻璃涂料（106 涂料）及其改

性聚乙烯醇甲醛水溶性涂料（803 涂料），这类涂料的耐水、耐刷洗、附着力不好，涂膜经不起雨水冲刷和冷热交替，改性聚乙烯醇甲醛水溶性涂料中残留的游离甲醛对人体、环境和施工时的劳动保护都有不利影响。

（2）合成树脂乳液内墙涂料（乳胶漆）

常用的有苯丙乳胶漆、聚醋酸乙烯乳胶漆和氯偏共聚乳液等内墙涂料，涂膜具有耐水性、耐洗刷、耐腐蚀和耐久性好的特点，是一种中档内墙涂料。

（3）溶剂型内墙涂料

溶剂型内墙涂料主要品种有过氯乙烯墙面涂料、绿化橡胶墙面涂料、丙烯酸酯墙面涂料、聚氨酯系墙面涂料。其光洁度好、易于冲洗、耐久性好，但透气性差，墙面易结露，多用于厅堂、走廊等处。

（4）内墙粉末涂料

内墙粉末涂料是以水溶性树脂或有机胶粘剂为基料，配以适当的填充料等研磨加工而成。这种涂料具有不起壳、不掉粉、价格低、使用方便等特点。加入一些功能性组分如二氧化钛，海泡石等还可制成具有净化空气，调湿和抗菌功能的涂料。

（5）多彩内墙涂料

多彩内墙涂料是一种内墙、顶棚装饰涂料。按其介质可分为水包油型、油包水型、油包油型和水包水型四种。常用的是水包油型。多彩内墙涂料涂层色泽丰富、富有立体感，装饰效果好；涂膜质地厚，有弹性，类似壁纸。整体感好；耐油、耐水、耐腐蚀、耐洗刷、耐久性好；具有较好的透气性。

29. 外墙涂料的主要品种有哪些？它们各自有什么特性？用途如何？

答：（1）丙烯酸乳胶漆

丙烯酸乳胶漆是由甲基丙烯酸丁酯、丙烯酸丁酯、丙烯酸乙酯，经共聚而制得的纯丙烯酸系乳液等丙烯酸单体作为成膜物质，再加入填料、颜料及其他助剂而成。它具有优良的耐热性、耐候性、耐腐蚀性、耐污染性、附着力高，保色保光性好；但硬度、抗污性、耐溶剂性等方面不尽如人意。在设计工程中广泛使用，生产占有率占外墙涂料的 85% 以上。

（2）聚氨酯系列外墙涂料

这种涂料是以聚氨酯树脂或聚氨酯与其他树脂复合物为主要成膜物质的优质外墙涂料。这类涂料具有良好的耐酸性、耐水性、耐老化性、耐高温下，涂膜光洁度极好，呈瓷质感。

（3）彩色砂壁状外墙涂料

这种涂料简称彩砂涂料，是以合成树脂乳液为主制成的，可用不同的施工工艺做成仿大理石、仿花岗岩等。涂料具有丰富的色彩和质感，保色性、耐水性、耐候性好，使用寿命可达 10 年以上。

（4）水乳型合成树脂乳液外墙涂料

种类涂料是以合成树脂配以适量乳化剂、增稠剂和水通过高速搅拌分散而成的稳定乳液为主要成膜物质配制而成，主要有乙—丙酸乳胶、丙烯酸酯乳胶漆、乙丙酸乳液后模涂料等。这类涂料施工方变，可以在潮湿的基层上施工，涂膜的透气性好，不易发生火灾，环境污染少，对人体毒性小。

（5）氟碳涂料

含有 C—F 键的涂料统称为氟碳涂料。这类涂料具有许多独特的性质，如超耐气候老化性、超耐化学腐蚀性，足以抵御褪色、起霜、龟裂、粉化、锈蚀和大气污染、环境破坏、化学侵蚀等作用。

30. 防水涂料分为哪些种类？它们应具有哪些特点？

答：防水涂料按成膜物质的主要成分可分为沥青基防水涂料、高聚物改性沥青防水涂料、合成高分子防水涂料。按液态类型可分为溶剂型、水乳型和反应型三种。按涂层厚度又可分为，薄质防水涂料、厚质防水涂料。

（1）沥青基防水涂料

沥青基防水涂料是以沥青为基料配制而成的水乳型溶剂型防水涂料。水乳型防水涂料是将石油沥青分散于水中所形成的水分散体。溶剂型沥青涂料是将石油沥青直接溶解于汽油等有机溶剂后制得的溶液。沥青基防水涂料适用于Ⅲ、Ⅳ级防水等级的工业与民用建筑的屋面、混凝土地下室及卫生间的防水工程。

（2）高聚物改性沥青防水涂料

高聚物改性沥青防水涂料是以沥青为基料，用合成高分子聚合物进行改性而制成的水乳型或溶剂型防水涂料。由于高聚物的改性作用，使得改性沥青防水涂料的柔韧性、抗裂性拉伸强度、耐高低温性能、使用寿命等方面优于沥青基防水涂料。常用品种有再生橡胶沥青防水涂料、氯丁橡胶沥青防水涂料、丁基橡胶沥青防水涂料等。高聚物改性沥青防水涂料适用于Ⅱ、Ⅲ、Ⅳ级防水等级的屋面、地面、混凝土地下室和卫生间等的防水工程。

（3）合成高分子防水涂料

合成高分子防水涂料是以合成橡胶或合成树脂为主要成膜物质，加入其他辅料而配成的单组分或多组分的防水涂料。种类涂料具有高弹性、高耐久性及优良的耐高低温性能，是目前常用的高低档防水涂料。常用品种有聚氨酯防水涂料、硅橡胶防水涂料、氯磺化聚乙烯橡胶防水涂料和丙烯酸酯防水涂料等。合成高分子防水涂料适用于Ⅰ、Ⅱ、Ⅲ级防水等级的屋面、地下室、水池和卫生间的防水工程。

防水涂料应具有以下特点：

1）整体防水性好。能满足各类屋面、地面、墙面的防水工程要求。在基层表面形状复杂的情况下，如管道根部、阴阳角处等，涂刷防水涂料较易满足使用要求。

2）温度适应性强。因为防水涂料的品种多，养护选择余地大，可以满足不同地区气候环境的需要。

3）操作方便、施工速度快。涂料可喷可涂，节点处理简单，容易操作。可冷加工，不污染环境，比较安全。

4）易于维修。当屋面发生渗漏时，不必完全铲除旧防水层，只要在渗漏部位进行局部维修，或在原防水层上重做一次防水处理就可达到防水目的。

31. 地面涂料的主要品种有哪些？它们各自有什么特性？用途如何？

答：地面涂料主要有聚氨酯地面涂料、环氧树脂厚质地面涂料、环氧树脂自流平地面涂料、聚醋酸乙酯地面涂料、过氧乙烯地面涂料等品种。它们具有优良的耐磨性、耐碱性、耐水性和抗冲击性。地面涂料的主要功能是装饰与保护室内地面，使地面清洁美观，与室内墙面及其他装饰相适应。

32. 建筑装饰塑料制品的主要品种有哪些？它们各自有什么特性？各自的用途是什么？

答：建筑装饰塑料制品的主要品种主要包括如下几种：

（1）塑料壁纸和壁布

塑料壁纸和壁布是以一定材料为基材，在其表面涂塑后再经过印花、压花或发泡处理等多种工艺而制成的一种墙面、顶棚装饰材料。它的装饰效果好、性能优越，适合大规模生产，具有粘贴方便、使用寿命长、抗裂性能好、易于清洗、对酸碱有较强的抵抗能力等特点。

（2）塑料装饰板

塑料装饰板是以树脂材料为基材或浸渍材料，经一定工艺制成的有装饰功能的板材。装饰板具有轻质、高强、隔声、透光、防火、可弯曲、安装方便等特点，不仅可替代木材、钢材等，还可以改善建筑功能、美化环境，满足现代建筑装饰的需求。其使用寿命比油漆长 4～5 倍，保养简单、易于保洁、保护费用低。其生产工艺简单，加工成型方便，劳动生产率高，创造价值较大，一般包括硬质 PVC 装饰板、塑料贴面板、塑料金属复合板（钢塑复合板、铝塑复合板）等。

（3）塑料地板

塑料地板可以粘贴在如混凝土或木材等基层上，构成饰面层。它具有轻质、尺寸稳定、施工方便、经久耐用、脚感适舒、色泽艳丽美观、耐磨、耐油、耐腐蚀、防火、隔声及隔热等优点。

（4）树脂印花胶合板

树脂印花胶合板是使用合成树脂处理后的木质片材，表面印成木纹花纹，经浸渍树脂热压成型而成。其耐水防潮性、刚性、耐磨性能优良，比天然木地板具有更好的质感和外观，施工方便。

（5）塑料门窗型材

塑料门窗一般采用聚氯乙烯（PVC）塑料，它是在 PVC 塑料中空异形材内安装金属衬筋，采用热焊接和机械连接制成。塑钢门窗具有良好的隔热性、气密性、耐候性、耐腐蚀性，有明显的节能效果，而且不必油漆，可加工性能好。

33. 什么是建筑节能？建筑节能包括哪些内容？

答：建筑节能是指在建筑材料生产、屋面建筑和构筑物施工及使用过程中，合理使用能源，尽可能降低能耗的一系列活动过程的总称。建筑节能范围和技术内容非常广泛，主要范围包括：

（1）墙体、屋面、地面、隔热保温技术及产品。

（2）具有建筑节能效果的门、窗、幕墙、遮阳及其他附属部件。

（3）太阳能、地热（冷）或其他生物质能等在建筑节能工程中的应用技术及产品。

（4）提高供暖通风效能的节电体系与产品。

（5）供暖、通风与空气调解、空调与供暖系统的冷热源处理。

（6）利用工业废物生产的节能建筑材料或部件。

（7）配电与照明、监测与控制节能技术及产品。

（8）其他建筑节能技术和产品等。

34. 常用建筑节能材料种类有哪些？它们特点有哪些？

答：（1）建筑绝热材料

绝热材料（保温、隔热材料）是指对热流具有明显阻抗性的材料或材料复合体。绝热制品（保温、隔热制品）是指将绝热材料加工成至少有一个面与被覆盖表面形状一致的各种绝热制品。绝热材料包括岩棉及制品、矿渣面及其制品、玻璃棉及其制品、膨胀珍珠岩及其制品、膨胀蛭石及其制品、泡沫塑料、微孔硅酸钙制品、泡沫石棉、铝箔波形纸保温隔热板等。

绝热材料具有表观密度小、多孔、疏松、导热系数小的特点。

（2）建筑节能墙体材料

建筑节能墙体材料主要包括蒸压加气混凝土砌块、混凝土小型空心砌块、陶粒空心砌块、多孔砖、多功能复合材料墙体砌块等。

建筑节能墙体材料与传统墙体材料相比具有密度小、孔洞率高、自重轻、砌筑工效高、隔热保温性能好等。

（3）节能门窗和节能玻璃

目前我国市场的节能门窗有 PVC 门窗、流塑复合门窗、铝合金门窗、玻璃钢门窗。节能玻璃包括中空玻璃、真空玻璃和镀膜玻璃等。

节能门窗和节能玻璃的主要优点是隔热保温性能良好、密封性能好。

第三节　装饰工程识图

1. 房屋建筑施工图由哪些部分组成？它的作用包括哪些？

答：建筑施工图由以下几部分组成：

（1）建筑设计说明；

（2）各楼层平面布置图；

（3）屋面排水示意图、屋顶间平面布置图及屋面构造图；

（4）外纵墙面及山墙面示意图；

（5）内墙构造详图；

（6）楼梯间、电梯间构造详图；

（7）楼地面构造图；

（8）卫生间、盥洗室平面布置图、墙体及防水构造详图；

（9）消防系统图等。

建筑施工图的主要作用包括：

（1）确定建筑物在建设场地内的平面位置；

（2）确定各功能分区及其布置；

（3）为项目报批、项目招标投标提供基础性参考依据；

（4）指导工程施工，为其他专业的施工提供前提和基础；

（5）是项目结算的重要依据；

（6）是项目后期维修保养的基础性参考依据。

2. 建筑施工图的图示方法及内容各有哪些？

答：建筑施工图的图示方法主要包括：

（1）文字说明；

（2）平面图；

（3）立面图；

（4）剖面图，有必要时加附透视图；

（5）表列汇总等。

建筑施工图的图示内容主要包括：

（1）房屋平面尺寸及其各功能分区的尺寸及面积；

（2）各组成部分的详细构造要求；

（3）各组成部分所用材料的限定；

（4）建筑重要性分级及防火等级的确定；

（5）协调结构、水、电、暖和设备安装的有关规定等。

3. 装饰施工图的组成与作用各有哪些？

答：（1）装饰施工图的组成

1）图纸目录；

2）装饰装修工艺说明；

3）装饰平面布置图；

4）地面铺装图

5）顶棚平面图；

6）装饰立面图；

7）效果图；

8）装饰详图（也称为大样图）；

9）主材表。

（2）装饰施工图的作用

1）图纸目录的主要作用，一是显示该套图所包含的全部图纸和文字资料；二是显示各图纸所在的页次顺序；三是便于使用者快捷查找。

2）装饰装修工艺说明用以表达图样中未能详细标明或图样不易标明的内容。

3）装饰平面布置图主要作用是标明建筑室内外各种装饰布置的平面形状、位置、大小关系和所用材料；表明这些布置图与建筑结构主体之间，以及各种布置之间的相互关系等。

4）地面铺装图主要是标明建筑室内外各种地面的造型、色彩、位置、大小、高度图案和地面所用材料；标明房间固定位置与建造主体结构之间，以及各种布置与地面之间、不同地面之间的相互关系。

5）顶棚平面图主要作用是标明顶棚装饰的平面形式、尺寸和材料，以及灯具及其他室内顶部设施的位置和大小等。

6）装饰立面图用于反映室内空间垂直方向的装饰设计形式、尺寸与做法、材料与色彩的选用等内容，是装饰工程中的主要图样之一，是确定墙面做法的主要依据。

7）效果图则是从整体或局部以实物形式反映装饰装修设计和施工最终达到的效果图样。

8）装饰详图也称为大样图，包括装饰构配件详图和装饰节点详图，其作用是把在平面布置图、地面铺装图、顶棚布置图、装饰立面图等图样中无法表示清楚的部分放大比例表示出来。

9) 主材表主要列举施工过程中用到的主要装饰装修材料的品种、规格、数量等，为施工组织与管理提供基础资料，为施工结算提供基础资料。

4. 建筑装饰施工图的图示特点有哪些？

答：（1）按照国家有关现行制图标准，采用相应的材料图例，按照正投影原理绘制而成，必要时绘制所需的透视图、轴测图等。

（2）它是建筑施工图的一种和重要组成部分，只是表达的重点内容与建筑施工图不同、要求也不同。它以建筑设计为基础，制图和识图上有自身的规律，如图样的组成、施工工艺及细部做法的表达方法与建筑施工图有所不同。

（3）装饰施工图受业主的影响大。业主的使用要求是装饰设计的一个主要因素，尤其是在方案设计阶段。设计的超过最终要业主审查通过后才能进入施工程序。

（4）装饰设计图具有易识别性。图纸面对广大用户和专业施工人员，为了明了反映设计内容，增加与用户的沟通效果，设计需要简单易识别性。

（5）装饰设计涉及的范围广。装饰设计与建筑、结构、水电、暖、机械设备等都会发生联系，所以与施工和其他单位的项目管理也会发生联系，这就需要协调好各方关系。

（6）装饰施工图详图多，必要时应提供材料样板。装饰设计具有鲜明的个性，设计施工图具有个案性，很多做法难以找到现成的节点图进行引用。详图很多。装饰装修施工用到的做法多、选材广，为了达到满意的效果需要材料供应商在设计阶段提供供材样板。

5. 建筑装饰平面布置图的图示方法及内容各有哪些？

答：（1）图示方法

假想用一个水平的剖切平面，在略高于窗台的位置，将内外装修后的房屋整个剖开向下投影所得的图。它与建筑平面图相配合，建筑平面图上剖切的部分在装饰施工图上也会体现出来，在图上剖到部分用粗线表示、看到的用细线表示。省去建筑平面图上与装饰无关的或关系不大的内容。装饰图中门窗的平面形式主要用图例表示，其装饰应按比例和投影关系绘制，标明门窗是里装、外装还是中装等，并注明设计编号；垂直构件的装饰形式，可用中实线画出它们的外轮廓，如门窗套、包柱、壁饰、隔断等；墙柱的一般饰面则用细实线表示。各种室内陈设品可用图例表示。图例是简化的投影，一般按中实线画出，对于特征不明显的图例可以用文字注明。

（2）图示内容

1）建筑主体结构，如墙、柱、门窗、台阶等。

2）各功能空间（如客厅、餐厅、卧室等）的家具的平面形状和位置，如沙发、茶几、餐桌、餐椅、酒柜、地柜、床、衣柜、梳妆台、床头柜、书柜、书桌等。

3）厨房的橱柜、操作台、洗涤池等的形状和位置。

4）卫生间的浴缸、大便器、洗手台等的形状和位置。

5）家电的形状和位置。如空调、电冰箱、洗衣机等。

6）隔断、绿化、装饰构件、装饰小品等的布置。

7）标注建筑主体结构的开间和进深尺寸等尺寸、主要的装修尺寸。

8）装修要求等文字说明。

9）装饰视图符号。

6. 地面铺装图的图示方法及内容各有哪些？

答：（1）图示方法

地面铺装图是在装饰平面布置图的基础上，把地面（包括楼面、台阶面、楼梯平台面等）装饰单独独立出来而绘制的详图。它是在室内不布置可移动的装饰因素（如家具、设备、盆栽等）的状况下，假想用一个水平的剖切平面，在略高于窗台的位置，将经过内外装修的房屋整个剖开，移去以上部分向下所做的水平投影图。

（2）图示内容

1）建筑平面布置图基本方法和尺寸。装饰地面布置图需要表达建筑平面图的有关内容。

2）装饰结构的布置形式和位置。

3）室内外地面的平面形状和位置。地面装饰的平面形式要求绘制准确、具体、按比例用细实线画出该形式的材料规格、铺式和构造分格线等，并标明其材料品种和工艺要求，必要时应填充恰当的图案和材质实景图表示。标明地面的具体标高和收口索引。

4）装饰结构与地面布置的尺寸标注。

5）必要的文字说明。为了使图面的表达更为详尽周到，必要的文字说明是不可缺少的，如房间的名称、饰面材料的规格品种颜色、工艺做法与要求、某些装饰构件与配套布置的名称等。

7. 顶棚平面图的图示方法及内容各有哪些？

答：（1）图示方法

顶棚平面图也称天花平面图，是采用镜像投影法，将地面视为截面，对镜中顶棚的形象作正投影而成。

（2）图示内容

1）表明墙柱和门窗洞口位置，是采用镜像投影法绘制的顶棚图。其图形上的前后、左右位置与装饰平面布置图完全一致，纵横轴线的排列也与之相同。但图示了墙柱断面和门窗洞口以后，仍要标注轴线尺寸、总尺寸。洞口尺寸和洞间墙尺寸可不必标出这些尺寸可对照装饰平面布置图阅读。定位轴线和编号也不必全部标出，只在平面图四角部分标出，能确定它与装饰平面图的对应位置就可以了。顶棚平面图一般不图示门扇及其开启方向线，只图示门窗过梁底面。为区别门洞与窗洞，窗扇用一条细虚线表示。

2）表示顶棚装饰造型的平面形式和尺寸，并通过附加文字说明其所用材料、色彩及工艺要求。顶棚的叠级变化应结合造型平面分区用标高来表示，所注标高是顶棚各构件地面的高度。

3）表明顶部灯具的种类、式样、规格、数量及布置形式及安装位置。顶棚平面图上的小型灯具按比例用一个细实线圆表示，大型灯具可按比例画出它的正投影外形轮廓，力求简明概括，并附加文字说明。

4）表明空调风口、顶部消防与音响设备等设施的布置形式与安装位置。

5）表明墙体顶部有关装饰配件（如窗帘盒、窗帘等）的形式与位置。

6）表明顶棚剖面构造详图的剖切位置及剖面构造详图的所在位置。

8. 装饰详图的图示内容及方法各有哪些?

答：（1）按照隶属关系分类的装饰详图

1）功能房间大样图。它以整体设计某一重要或有代表性的房间单独提取出来放大做设计图样，图示内容详尽。其内容包括该房间的平面综合布置图、顶棚综合图以及该房间的各立面图、效果图。

2）装饰构配件详图。装饰构配件种类很多，它包括各种室内配套设置体，还包括一些装饰构配件，如装饰门、门窗套、装饰隔断、花格、楼梯栏板（杆）等。

3）装饰节点图。它是将两个或多个装饰面的交汇点或构造的连接部位，按垂直和水平方向剖开，并以较大比例绘制出的详图，它是装饰工程中最基本和最具体的施工图，其中比例1：1的详图又称为足尺图。

（2）按照详图的部位分类的装饰详图

1）地面构造详图。不同的地面（坪）图示方法不尽相同。一般若地面（坪）作有花饰图案时应绘出地面（坪）花饰平面图。对地面（坪）的构造则应用断面图表明，地面多层作法多用分层注释方法表明。

2）墙面构造装饰详图。一般进行软包装或硬包装的墙面绘制装饰详图，构造装饰详图通常包括墙体装饰立面图和墙体断面图。

3）隔断装饰详图。隔断的形式、风格及材料与做法种类繁多。可用整体效果的立面图、结构材料与做法的剖面图和节点立体图来表示。

4）吊顶装饰详图。室内吊顶也是装饰设计的主要内容，形式较多。一般吊顶装饰详图应包括吊顶平面格栅布置图和吊顶固定方式节点图等。

5）门窗装饰构造详图。在装饰设计中，门窗一般要进行成型装修或改造，其详图包括表示门、窗整体的立面图和表示具体材料、结构的节点断面图。

6）其他详图。例如门、窗及扶手、栏杆、栏板等这些构件平面上不宜表达清楚，需要将进一步表达的部位另画大样图，这就是建筑构建配件装饰大样图。高级装修中，还有一些装饰部件，如墙面顶棚的装饰浮雕、通风口的通风算子，栏杆的图案构件及彩画装饰等，设计人员常用1∶1的比例画出它的实际尺寸图样，并在图中画出局部断面形式，以利于施工。

9. 建筑装饰平面布置施工图、地面铺装施工图的绘制包括哪些步骤？

答：（1）装饰平面图的绘制

1）选比例、定图幅。装饰施工图绘制的常用比例根据制图标准的规定确定。

2）画出建筑主体结构（如、墙、柱、门、窗等）的平面图，比例为1∶50或大于1∶50时，应用细实线画出墙身饰面材料轮廓线。

3）画出家具、厨房设备、卫生间洁具、电器设备、隔断、装饰构件等的位置。

4）标注尺寸、剖面符号、详图索引符号、图例名称、文字说明等。

5）画出地面构造的拼花图案、绿化等。

6）描粗整理图线。墙、柱用粗实线表示，门窗、楼梯用中粗线表示；装饰轮廓线如隔断、家具、洁具、电器等主要轮廓线用中实线表示；地面拼花等次要轮廓线用细实线表示。

（2）地面铺装图的绘制

1）选比例、定图幅。

2）画出建筑主体结构（如、墙、柱、门、窗等）的平面图和现场制作的固定家具、隔断、装饰构件等。

3）画出客厅、过道、餐厅、卧室、厨房、卫生间、阳台等的地面材料分格瓶装线。

4）标注尺寸、剖面符号、详图索引符号、文字说明等。

10. 建筑顶棚平面图、装饰立面图的绘制包括哪些步骤?

答：（1）顶棚平面图的绘制

1）选比例、定图幅。

2）画出建筑主体结构的平面图，门窗洞一般不用画出，也可用虚线画出窗洞的位置。

3）画出顶棚的构造、灯饰及各种设施的轮廓线。

4）标注尺寸、剖面符号、详图索引符号、文字说明等。

5）描粗整理图线：墙、柱用粗实线表示；顶棚的藻井、灯饰等主要造型轮廓线用中实线表示，顶棚的装饰线、面板的拼装分隔等次要的轮廓线用细实线表示。

（2）装饰立面图的绘制

1）选比例、定图幅，画出地面、楼板及墙面两端的单位轴线等。

2）画出墙面的主要造型轮廓线。

3）画出墙面的次要轮廓线、标注尺寸、剖面符号、详图索引符号、文字说明等。

4）描粗整理图线：建筑主体结构的梁、板、墙用粗线表示；

墙面的主要造型轮廓线用中粗线表示；次要的轮廓线如 装饰线、浮雕图案等用细实线表示。

11. 建筑装修施工图识读的一般步骤与方法各是什么？

答：（1）装修施工图识读的一般方法

1）总览全局。先阅读装饰施工图的基本图样，建立建筑物及装饰的轮廓概念，然后再针对性地阅读详图。

2）循序渐进。根据投影关系、构造特点和图纸顺序，从前往后、从上往下、从左往右、从外向内、从小到大，由粗到细反复阅读。

3）相互对照。识读装饰施工图时，应当图样与说明对照看，基本图与详图对照看，必要时还要查阅建筑施工图、结构施工图、设备施工图，弄清相互对应关系与配合要求。

4）重点阅读。有重点的阅读施工图，掌握施工必需的信息。

（2）阅读装饰施工图的样板顺序

1）阅读图纸目录。根据目录对照检查全套图纸是否齐全，标准图是否配齐，图纸有无缺损。

2）阅读装饰装修施工工艺说明。了解本工程的名称、工程性质以及采用的材料和特殊要求等，对本工程有一个完整的概念。

3）通读图纸。对图纸进行初步阅读。读图时，按照先整体后局部、先文字后图样、线图形后尺寸的顺序进行。

4）精读图纸。在初读基础上，对图纸进行对照、详细阅读，对图样上的每个线面、每个尺寸都务必看懂，并掌握与其他图的关系。

第四节　　建筑装饰施工技术

1. 内墙抹灰施工工艺包括哪些内容？

答：（1）施工工艺流程

基层处理→找规矩、弹线→做灰饼、冲筋→做阳角护角→抹底层灰→抹中层灰→抹窗台板、踢脚板（或墙裙）→抹面层灰→清理。

（2）施工要点

1）基层处理。清扫墙面上浮灰污物、检查门窗洞口位置尺寸、打凿补平墙面、浇水湿润基层。

2）找规矩、弹线。四角规方、横线找平、立线吊直，弹出准线、墙裙线、踢脚线。

3）做灰饼、冲筋。为控制抹灰层厚度和平整度，必须用与抹灰材料相同的砂浆先做出灰饼和冲筋。先用托线板检查墙面平整度和垂直度，大致决定抹灰厚度，再在墙的上角各做一个标准灰饼（遇有门窗口垛角处要补做灰饼），大小为50mm的见方然后根据这个灰饼用托线板或挂垂线作墙面下角的两个灰饼，厚度以垂线为准；再在灰饼左右两个墙缝里钉钉子，按灰饼厚度拴上小线挂通线，并沿小线每隔1.2~1.5m上下加若干个灰饼。待灰饼稍干后，在上下灰饼之间抹上宽约100mm的砂浆冲筋，用木杠刮平，厚度与灰饼相平，待稍干后可进行底层抹灰。

4）作阳角护角。室内墙面、柱面和门窗洞口的阳角护角，一般1:2水泥砂浆作暗护角，其高度不应低于2m，每侧宽度不应小于50mm。

5）抹底层灰。冲筋有一定强度，洒水湿润墙面，然后在两筋之间用力抹上底灰，用木抹子压实搓毛。底层灰应略低于冲筋，约为标筋厚度的2/3，由上往下抹。若墙面基层为混凝土时，抹灰前应刮素水泥浆一道；在加气混凝土或粉煤灰砌块基层抹灰时应先刷108胶溶剂一道（108胶：水＝1:5），抹混合砂浆时，应先刷108胶水泥浆一道，胶的掺量为水泥量的10%~15%。

6）抹中层灰。中层灰应在底层灰干至6~7成后进行。抹灰厚度有垫平冲筋为准，并使其略高于冲筋，抹上砂浆后用木杠按标筋刮平，刮平后紧接着用木抹子搓压使表面平整密实。在墙的阴角处，先用方尺上下核对正方。在加气混凝土基层上抹底层灰的强度与加气混凝土的强度接近，中层灰的配合比也宜与底层灰的相同，底灰宜用粗砂，中层灰和面层灰宜用中砂。板条或钢丝网的缝隙中，各层分遍成活，每遍后 3～6mm，待前一遍 7～8 成干后抹第二遍灰。

7）抹窗台板、踢脚线（或墙裙）。应以 1∶3 水泥砂浆抹底灰，表面划毛，隔 1 天后用素水泥浆刷一道，再用 1∶2 水泥砂浆抹面，根据高度尺寸弹出上线，把八字靠尺靠在线上用铁抹子切齐，修编清理。

8）抹面层灰。俗称罩面。操作应以阳角开始，最好两人同时操作，一人在前面上灰，另一人紧跟在后找平整，并用铁抹子压实赶光，阴阳角处用阴阳角抹子捋光，并用毛刷了蘸水将门窗圆角等处清理干净。当面层不罩面抹灰，而采用刮大白腻子时，一般应在中层砂浆干透，表面坚硬呈灰白色，且没有水迹和潮湿痕迹，用铲刀刻划显白印时进行。面层挂大白腻子一般不少于两遍，总厚度 1mm 左右。操作时，使用钢片或胶皮刮板，每遍按同一方向往返刮。头遍腻子刮后，在基层已修补过的部位应进行复补找平，待腻子干后，用 0 号砂纸磨平，扫净浮灰；带头遍腻子干后，再进行第二遍，要求表面平整，纹理质感均匀一致。

9）清理。抹灰面层完工后，应注意对抹灰部分的保护，墙面上浮灰污物需用 0 号砂纸磨平，补抹腻子灰。

2. 外墙抹灰施工工艺包括哪些内容和步骤？

答：（1）施工工艺流程

基层清理→找规矩→做灰饼、冲筋→贴分格条→抹底灰→抹中层灰→抹面层灰→滴水线（滴水槽）→清理。

（2）施工要点

1）基层清理。清理墙面上浮灰污物。打凿补平墙面，浇水湿润基层。

2）找规矩。外墙抹灰和内墙抹灰一样要做灰饼和冲筋，但因外墙面从檐口到地面，整体抹灰面大、门窗、阳台、明柱、腰线等都要横平竖直，而抹灰操作则必须自上而下一步架一步架地涂抹。因此，外墙抹灰找规矩要找四个大角，先挂好垂直通线（多层及高层楼房应用钢丝线垂下），然后大致确定抹灰厚度。

3）在每步架大角两侧弹上控制线，再拉水平通线并弹水平线做灰饼，竖直每步架都做一个灰饼，然后再做冲筋。

4）贴分格条。为避免罩面砂浆收缩后产生裂缝，一般均须设分格线，粘贴分格条。粘贴分格条是在底层抹灰之后进行（底层灰用刮尺赶平）。暗影弹好的分格线和分格尺寸弹好分格线，水平分格条一般贴在水平线下边，水准分格条贴于垂直线的左侧。分格条使用前要用水浸透，以防止使用时变性。粘贴时，分格条两侧用抹成八字形的水泥浆固定。

5）抹灰（底层、中层、面层）。与内墙抹灰要求相同。

6）滴水线（槽）外墙抹灰时，在外窗台板、窗楣、雨篷、阳台、压顶及突出腰线等部位的上面必须做出流水坡度，下面应做滴水线或滴水槽。

7）清理。与内墙抹灰要求相同。

3. 木门窗安装施工工艺包括哪些内容?

答：木门窗安装施工工艺流程如下：

（1）安装工艺流程

放线→安框→填缝、抹面→门窗扇安装→安装五金配件。

（2）安装要点

门窗框的安装分为先立口和后塞口两种。

1）先立口就是先立好门窗框，再砌门窗框两边的墙。立框时应先在地面和砌好的墙上画出门窗框的中线及边线，然后按线把门窗框立上，用临时支撑撑牢，并校正门窗框的垂直和上下槛的水平。内门框应注意下槛"锯口"以下是否满足地面做法的厚度。立框时应注意门窗的开启方向和墙壁的抹灰厚度。立框要检查木砖的数量和位置，门窗框和木砖要钉牢，钉帽要砸扁，使之钉入口内，但不得有锤痕。

2) 后塞口是在砌墙时留出门窗洞口，待结构完成后，再把门窗框塞进洞口固定。这种方法施工方便，工序无交叉，门窗框不易变形走动。采用后塞法施工时，门窗洞口尺寸每边要比门框尺寸每边大 20mm。门窗框塞入后，先用木楔临时固定，靠、吊校正无误后，用钉子将门窗框固定在洞口预留木砖上。门窗框与洞口之间的缝隙用 1：3 水泥砂浆塞严。

3) 门窗扇的安装：

门窗扇安装前，应先检查门窗框是否偏斜，门窗扇是否扭曲。安装时先要量出门窗洞口尺寸，根据其大小修刨门窗扇，扇两边同时修刨，门窗冒头先刨平下冒头，以此为准再修刨上冒头，修刨时注意风缝大小，一般门窗扇的对口处及扇与框之间的风缝需留 2mm 左右。门窗扇的安装，应使冒头、窗芯呈水平，双扇门窗的冒头要对齐，开关灵活，不能有自开自关的现象。

4) 安装门扇五金：

按扇高的 1/8～1/10（一般上留扇高 1/10，下留扇高的 1/8）在框上根据合页的大小画线，剔除合页槽，槽底要平，槽深要与合页后相适应，门插销应装在门拉手下面。安装窗钩的位置，应使开启后窗扇距墙 20mm 为宜。

门窗安装的允许偏差和留缝宽度应符合有关技术规程的要求。

4. 铝合金门窗安装施工工艺包括哪些内容？

答：铝合金门窗安装入洞口应横平竖直，外框与洞口弹性连接牢固，不得将门窗外框直接埋入墙体。

（1）安装工艺流程

放线→安框→填缝、抹面→门窗扇安装→安装五金配件。

（2）安装要点

铝合金门窗安装必须先预留洞口，严禁采取边安装边砌墙或先安装后砌墙的施工方法。

1) 放线。按设计要求在门窗洞口弹出门窗位置线，并注意同一立面的窗在水平及竖直方向做到整齐一致，还要注意室内地面的标高。地弹簧的表面，应该与室内地面标高一致。

2）安框。在安装制作好的铝合金门窗框时，吊垂线后要卡方。待两条对角线的长度相等，表面垂直后，将框临时固定，待检查立面垂直、左右、上下位置符合要求后，再把镀锌锚固板固定在结构上。镀锌锚固板是铝合金门窗固定的连接件。它的一端固定在门窗框上的外侧，另一端固定在密实的基层上。门窗框的固定可以采用焊接、膨胀螺栓连接或射钉等方式，但砖墙严禁用射钉固定。

3）填缝、抹面。铝合金门窗框在填缝前，经过平整、垂直度等的安装质量复查后，再将框四周清扫干净，洒水湿润基层。对于较宽的窗框，仅靠内外挤灰挤进去一部分灰是不能填饱满的，应专门进行填缝。填缝所用的材料，原则上按设计要求选用。但不论采用何种材料，以达到密实、防水的目的。铝合金门窗框四周用的灰砂浆达到一定强度后（一般需要 24h），才能轻轻取下框旁的木楔，继续补灰，然后才能抹面层、压平抹光。

4）门窗栓安装：

① 铝合金门窗扇安装，应在室内外装饰基本完成后进行。

② 推拉门窗扇的安装。将配好的门窗栓分内扇和外扇，先将外扇插入上滑道的外槽内，自然下落下滑道的外滑道内，然后再用同样的方法安装内扇。

③ 对于可调导向轮，应在门窗扇安装之后调整导向轮，调解门窗扇在滑道上的高度，并使门窗扇与边框间平行。

④ 平开门窗扇安装。应先把合页按要求位置固定在铝合金门窗框上，然后将门窗扇嵌入框内临时固定，调整合适后，再将门窗扇固定在合页上，必须保证上、下两个转动部分在同一个轴线上。

⑤ 地弹簧门窗扇安装。应先将地弹簧门主机埋设在地面上并浇筑混凝土使其固定。主机轴应与中横档上的顶轴在同一垂线上，主机表面与地面齐平，待混凝土达到设计强度后，调节上门

顶轴将门扇安装，最后调整门扇间隙及门扇开启速度。

5）安装五金配件。五金件装配的原则是：要有足够的强度、位置正确，满足各项功能以及便于更换，五金件的安装位置必须严格按照标准执行。

5. 塑钢彩板门窗安装施工工艺包括哪些内容？

答：（1）安装工艺流程

画线定位→塑钢门窗披水安装→防腐处理→塑钢门窗安装→嵌门窗四缝→门窗扇及玻璃的安装→安装五金配件。

（2）安装要点

1）画线定位

① 根据设计图纸中门窗的安装位置、尺寸和标高，依据门窗中线向两边量出门窗边线。多层或高层建筑时，以顶层门框边线为准，用线锤或经纬仪将门窗框边线下引，并在各层门窗口处画线标记，对个别不直的边应剔凿处理。

② 门窗的水平位置应以楼层室内+50cm 的水平线为准向上量出窗下皮标高，弹线找直，每一层必须保持窗下皮标高一致。

2）塑钢门窗披水安装

按施工图纸要求将披水固定在塑钢门窗上，且要保证位置准确、安装牢固。

3）防腐处理

① 门窗框四周外表面的防腐处理设计有要求时，按设计要求处理。如果设计没有要求时，可涂刷防腐涂料或粘贴塑料薄膜进行保护，以免水泥砂浆直接与塑钢门窗表面接触，产生电化反应，腐蚀塑钢门窗。

② 安装塑钢门窗时，如果采用连接铁件固定，则连接铁件、固定件等安装用金属零件最好用不锈钢，否则，必须采取防腐处理，以免产生电化反应，腐蚀塑钢门窗。

4）塑钢门窗安装

根据画好的门窗定位线，安装塑钢门窗框。并及时调整好门框水平、垂直及对角线长度等符合质量标准，然后用木楔临时固定。

5）塑钢门窗固定

① 当墙体上有预埋铁件时，可直接把塑钢门窗的铁脚直接与墙体上的预埋件焊牢。

② 当墙体上没有预埋铁件时，可用射钉将塑钢门窗上的铁脚固定在墙体上。

③ 当墙体上没有预埋铁件时，也可将金属膨胀螺栓或塑料膨胀螺栓用射钉枪把塑钢门窗上的铁脚固定在墙体上。

④ 当墙体上没有预埋铁件时，也可用电钻在墙上打80mm深、直径为6mm的孔，用直径6mm的钢筋，在长的一端粘涂108胶，然后打入孔中。待108胶终凝后，再将塑钢门窗的铁脚与预埋的直径6mm的钢筋焊牢。

6）门窗框与墙体间缝隙的处理

① 塑钢门窗安装固定后，应先进行隐蔽工程验收，合格后及时按设计要求处理门窗框与墙体之间的缝隙。

② 如果设计未要求时，可采用矿棉或玻璃棉毡条分层填塞缝隙，外表面留5～8mm深槽口填嵌嵌缝油膏，或在门框四周外表面进行防腐处理后，嵌填水泥砂浆或细石混凝土。

7）门窗扇及玻璃的安装

① 门窗框及玻璃应在洞口墙体表面装饰完成后安装。

② 推拉门窗在门窗框安装固定后，将配好玻璃的门窗扇整体安入框内滑道，调整好框与扇的间隙即可。

③ 平开门窗在框与扇格架组装上墙、安装固定好后再安玻璃，即先调好框与扇的间隙，再将玻璃安入扇并调整好位置，最终镶嵌密封条，填嵌密封胶。

④ 地弹簧门应在门框及地弹簧主机入地固定后再安门扇。先将玻璃嵌入扇格玻璃架并一起入框就位，调整好框扇缝隙，最后填嵌门窗四周的密封条及密封胶。

8）安装五金配件

五金配件与门框连接需要用镀锌螺钉。安装的五金配件应结实牢靠，使用灵活。

6. 玻璃地弹门安装施工工艺包括哪些内容?

答：(1) 安装工艺

画线定位→倒角处理→固定钢化玻璃→注玻璃胶封口→活动玻璃门扇安装→清理。

(2) 安装要点

1) 画线定位

根据设计图纸中门窗的安装位置、尺寸和标高，依据门窗中线向两边量出门窗边线。多层或高层建筑玻璃地弹门安装时，以顶层门框边线为准，用线锤或经纬仪将门窗框边线下引，并在各层门窗口处画线标记，对个别不直的边应剔凿处理。

2) 倒角处理

用玻璃磨边机给玻璃边缘打磨。

3) 固定钢化玻璃

用玻璃吸盘器把玻璃吸紧，然后手握吸盘器把玻璃板抬起，抬起时应有 2～3 人同时进行。抬起后的玻璃板，应先入门框顶部的限位槽内，然后放到底托上，并对好安装位置，使玻璃板的边部正好封住侧框柱的不锈钢饰面对缝口。

4) 注玻璃胶封口

注玻璃胶的封口，应从缝隙的端头开始。操作的要领是握紧压柄用力要均匀，同时顺着缝隙移动的速度也要均匀，即随着玻璃胶的挤出，匀速移动注口，使玻璃胶在缝隙处形成一条表面均匀的直线。最后用塑料胶片割去多余的玻璃胶，并用干净布擦去胶迹。

5) 玻璃板之间的对接

玻璃对接时，对接缝应留 2～3mm 的距离，玻璃边须倒角。两块相连的玻璃定位并固定后，用玻璃胶注入缝隙中，注满之后用塑料片在玻璃的两面割去多余的玻璃胶，用干净布擦去胶迹。

6) 活动玻璃门扇安装

活动玻璃门扇的结构没有门扇框。活动门扇的开闭是用地弹簧来实现，地弹簧与门扇的金属上下横档铰接。地弹簧的安装方法与铝合金门相同。

① 地弹簧转轴与定位销的中线必须在一条垂直线上。测量是否同轴线的方法可用垂线法。

② 在门扇的上下横档内侧划线，并按线固定转动轴销的销孔板和地弹簧的转动轴连接板，安装时可参考地弹簧所附的说明。

③ 钢化玻璃应倒角处理，并打好安装门把手的孔洞，通常在买钢化玻璃时，就要求加工好。注意钢化玻璃的高度尺寸，应包括插入上下横档的安装部分。通过钢化玻璃的裁切尺寸，应小于测量尺寸 5mm 左右，以便进行调节。

④ 把上下横档分别装在玻璃地弹门扇上下边，并进行门扇高度的测量。如果门扇高度不够，可向上下横档内的玻璃底下垫木夹板条，如果门扇高度超过安装尺寸，则需请专业玻璃工裁去玻璃地弹簧门扇的多余部分。

⑤ 在定好高度之后，进行固定上下横档操作。在钢化玻璃与金属横档内的两侧空隙处，两边同时插入小木条，并轻轻敲入其中，然后在小木条、钢化玻璃横档之间的缝隙中注入玻璃胶。

⑥ 门扇定位安装。门扇下横档内的转动销连接件的孔位必须对准套入地弹簧的转动销轴上，门框横梁上定位销必须插入门扇上横档转动销连接件孔内 15mm 左右。

⑦ 安装玻璃门拉手应注意。拉手的连接部位，插入玻璃门拉手孔时不能太紧，应略有松动。如果过松可以在插入部分裹上软质胶带。安装前在拉手插入被领导部分涂少许玻璃胶。拉手组装时，其根部与玻璃贴靠紧密后，再上紧固定螺钉，以保证拉手没有丝毫松动现象。

7. 整体楼地面施工工艺包括哪些内容？

答：（1）安装工艺流程

基层处理→弹线、找规矩→铺设水泥砂浆面层→养护。

（2）施工要点

1）基层处理。对于表面较光滑的基层应进行凿毛，并用清水冲洗干净，冲洗后的基层不要上人。在现浇混凝土或水泥砂浆垫层、找平层上做水泥砂浆面层时，垫层强度达到 1.2MPa，才能铺设面层。

2）弹线、找规矩。地面抹灰前，应先在四周墙上弹出 50 线作为水平基准线。

3）根据 50 线在地面四周做灰饼，并用类似于墙面抹灰的方法拉线打中间灰饼，并做好地面标筋，纵横标筋的间距为 1500～2000mm，在有坡度要求的地面找好坡度；有地漏的房间，要在地漏四周做好坡度不小于 5‰的泛水。对于面积较大的地面，用水准仪测出面层的平均厚度，然后边测标高边做灰饼。

4）铺设水泥砂浆面层。面层水泥砂浆的配合比应符合设计要求，一般不低于 1:2，水灰比为 1:0.3～0.4，其稠度不大于 3.5cm，面层厚度不小于 20mm。水泥砂浆要搅拌均匀，颜色一致。铺设前，先将基层浇水湿润，第二次先刷一道水灰比 0.4～05 素水泥砂浆结合层，并随刷随抹，操作时先在标筋之间均匀铺上砂浆，比标筋面略高，然后用刮尺以标筋为准刮平、拍实。待表面水分稍干后，用木抹子打磨，将沙眼、凹坑、脚印打磨掉，随后用纯水泥砂浆均匀涂抹在面上，用铁抹子磨光，把抹纹、细孔等压平、压实。面层与基层结合要求牢固，无空鼓、裂纹、脱皮、麻面、起砂等缺陷，表面不得有泛水和积水。

5）养护。水泥砂浆面层施工完毕后，要及时进行浇水养护，必要时可蓄水养护，养护时间不得少于 7 天，强度等级不应低于 15MPa。

🧍 8. 现浇水磨石地面的施工工艺包含哪些内容？

答：（1）施工工艺流程

基层处理（抹找平层）→弹线找规矩→设置分格缝、分格条→铺抹面层石粒→养护→磨光→涂刷草酸出光→打蜡抛光。

（2）施工要点

1）基层处理以及抹找平层、弹线找规矩同水泥砂浆地面的做法。找平层要避免平整、密实，并保持粗糙。找平层完成后，第二天应浇水养护至少 1d。

2）设置并嵌固分隔条。先在找平层上按设计要求在纵横方向画出垂直、水平线或图案分格墨线，然后按墨线固定铜条或玻璃嵌条，用纯水泥砂浆在分格条下部，抹成八字通长座嵌牢固（与找平层成 45°角），粘嵌高度略大于分格条高度的一半，纯水泥砂浆的涂抹高度比分格条低 4~6mm。分格条镶嵌牢固、接头严密、顶面平整一致，分格条镶嵌完成后应进行养护，时间不得少于 2d。

3）铺抹面层石粒浆。铺水泥石子浆前一天，洒水将基层充分湿润。在涂刷素水泥浆结合层前，应将分格条内的积水和浮砂清理干净，接着刷水泥浆一遍，水泥品种与石子浆中的水泥的品种一致。随即将水泥石子浆先铺在分格条旁边，将分格条边约 100mm 内水泥石子浆轻轻抹平压实（石子浆配合比一般为 1∶2.5 或 1∶1.5），不应用靠尺刮。面层应比分格条高 5mm，如局部石子浆过后，应用铁抹（灰匙）挖去，再将石子浆刮平压实，达到表面平整、石子（石粒）分布均匀。

石子浆面至少要两次用毛刷（横刷）粘拉开浆面（开面），检查石粒均匀（若过于稀疏要补上石子）后，再用铁抹子抹平压实，至泛浆为止。要求将波纹压平，分格条顶面上的石子应清除掉。在同一平面上有几种颜色图案时，应先做深色，后做浅色。待前一种色浆凝固后，再抹后一种色浆。两种颜色的色浆不应同时铺抹，以免做成串色，界限不清。间隔时间不宜过长，一般可隔日铺抹。

4）养护。石子浆铺抹完成后，次日起浇水养护，并设警戒线严防行人踩踏。

5）磨光。大面积施工宜用机械磨石机研磨，小面积、边角处可用小型手提磨石机研磨，对于局部无法使用机械研磨的地方，可用手工研磨。开磨前应试磨，若试磨后石粒不松动，即可开磨。磨光可采用"两浆三磨"的方法进行，及整个磨光过程分为磨光三遍，补浆两次。要求磨至石子料显露，表面平整光洁，无砂眼细孔为止。

6）涂刷草酸出光。对研磨完成的水磨石面层，经检查达到平整度、光滑度的要求后，即可进行涂刷草酸出光工序。

7）打蜡抛光。按蜡∶煤油＝1∶4的比例加热融化，掺入松香水适量，调成稀糊状，用布将蜡薄薄地均匀涂刷在水磨石上。待蜡干后，把包有麻布的木板块装在磨石机的磨盘上进行磨光，直到水磨石表面光滑洁亮为止。

9. 陶瓷地砖楼地面铺设施工工艺包括哪些内容？

答：（1）施工工艺流程

基层处理（抹找平层）→弹线、找规矩→做灰饼、冲筋→试拼→铺贴地砖→压平、拔缝→铺贴踢脚线。

（2）施工要点

1）基层处理要点同砂浆楼地面的做法。

2）弹线找规矩根据设计确定的地面标高进行抄平、弹线，在四周墙上弹50线。

3）做灰饼、冲筋。根据中心点在地面四周每隔1500mm左右拉相互垂直的纵横十字线数条，并用半硬性水泥砂浆按1500mm左右做一个灰饼，灰饼高度必须与找平层在同一水平面纵横灰饼相连成标筋，作为铺贴地砖的依据。

4）试拼。铺贴前根据分格线确定地砖的铺贴顺序和标准块的位置，并进行试拼，检查图案、颜色及纹理的方向及效果，试拼后按顺序排列，编号，浸水备用。

5）铺贴地砖。根据地砖尺寸的大小分湿贴法和干贴法两种。

① 湿贴法。主要用于小尺寸地砖（常用于400mm×400mm以下）的铺贴。它是用1∶2水泥砂浆摊铺在地砖背面，将其镶铺在找平层上。同时用橡胶锤轻轻敲击砖表面，使其与地面粘贴牢靠，以防止出现空鼓和裂缝。铺贴时，如果室内地面的整体水

平标高相差 40mm，需用 1：2 的半硬性水泥砂浆铺找平层，边铺边用木方刮平、拍实，以保证地面的平整度，然后按地面纵横十字标筋在找平层上通铺一行地砖作为基准板，再沿基准板的两边进行大面积的铺贴。

②干贴法。此方法主要适用于大尺寸地砖（500mm×500mm 以上）的铺贴。首先在地面用 1：3 的干硬性水泥砂浆铺一层厚度 20～50mm 的垫层，干硬性水泥砂浆的密度大、收缩性小，以手捏成团，松手即散为好。找平层的砂浆应采用虚铺方式，即把干硬性水泥砂浆均匀铺在地面上，不可压实，然后将纯水泥砂浆刮在地砖背面，按地面十字筋通铺一行地砖与水泥砂浆上作为基准板，再沿基准板的临边进行大面积铺贴。

6）压平、拔缝。镶贴时，要边铺边用水平尺检查地砖的平整度，同时拉线检查缝格的平直度，如超出规定，应立即修整，将缝拔直，并用橡皮锤拍实，使纵横线之间的宽窄一致、笔直通顺，板面也应平整一致。

7）镶贴踢脚线。待地砖完全凝固硬化后，可在墙面与地砖交接处安装踢脚板。踢脚板一般采用与地面块材同品质、同颜色的材料。踢脚板的立缝应与地面缝对齐，厚度和高度应符合设计要求。铺完砖 24h 后洒水养护，时间不少于 7d。

10. 石材地面铺设施工工艺包括哪些内容？

答：（1）施工工艺流程

基层处理→弹线、找规矩→做灰饼、冲筋→选板试拼→铺板→抹缝→打蜡→养护。

（2）施工要点

1）基层处理、弹线找规矩、做灰饼、冲筋找平等做法与地砖楼面铺设方法相同。

2）选板试拼。铺设前应根据施工大样图进行选板、试拼、编号，以保证板与板之间的色彩、纹理协调自然。按编号顺序在石材的正面、背面以及四条侧边，同时涂刷保新剂，防止污渍、油污浸入石材内部，而使石材持久地保持光洁。

3）铺板。先铺找平层，根据地面标筋铺设找平层，找平层起到控制标高和粘结面层的作用。按设计要求用 1∶1～1∶3 干硬性水泥砂浆，在地面均匀铺一层厚度为 20～50mm 的干硬性水泥砂浆。因石材的厚度不均匀，在处理找平层时可把干硬性水泥砂浆的厚度适当增加，但不可压实。在找平层上拉线，随线铺设一行基准板，再从基准板的两边进行大面积的铺贴。铺装方法是将素水泥浆均匀地刮在选好的石板背面，随即将石材镶铺在找平层上，边铺边用水平尺检查石材平整度，同时调整石材间的间隙，并用橡胶锤敲击石材表面，使其与结合层粘结牢靠。

4）抹缝。铺装完毕后，用面纱将板面上的灰浆擦拭干净，并养护 1～2d，进行踢脚板的安装，然后用与石材颜色相同的勾缝剂进行抹缝处理。

5）打蜡、养护。最后用草酸清洗板面，再打蜡、抛光。

11. 木地面铺设施工工艺包括哪些内容？

答：工程中木地板施工常用的方法分为实铺式，实铺式木地板施工又有格栅式与粘贴式两种。

（1）施工工艺流程

1）格栅式。基层清理→弹线定位→安装木搁栅→铺毛地板→铺面层地板→打磨→安装踢脚板→油漆→打蜡。

2）实贴式。清理基层→弹线→刷胶粘剂→铺贴地板→打磨→安装踢脚板→油漆→打蜡。

（2）施工要点

1）搁栅式

① 基层清理。将基层清理干净，并做好防潮、防腐处理。

② 弹线。先在地面按设计规定弹出木搁栅龙骨的位置线，在墙面上弹出 50 标高线。

③ 安装木搁栅。将木搁栅按位置线固定铺设在地面上，在

安装搁栅过程中，边紧固边调整找平。找平后的木搁栅用斜钉和垫木钉牢。木搁栅与地面间隙用干硬性水泥砂浆找平，与搁栅接触处做防腐处理。在集体装修中木搁栅可采用30mm×40mm木方，间距为400mm。为增强整体性，搁栅之间应设横撑，间距为1200~1500mm。为提高减振性和整体弹性，还可以加设橡胶垫。为改善吸声和保湿效果，可在龙骨下的空隙内填充一些轻质材料。

④ 铺毛地板。在木搁栅顶面上弹出300mm或400mm的铺钉线，将毛地板条逐块用扁钉钉牢，错缝铺钉在木搁栅上。铺钉好的毛地板要检查其表面的水平度和平整度，不平处可以刨削平整。毛地板也可用整张的细木工板或中密度板。采用整张毛板时，应在板上开槽，槽深度为板厚的1/3，方向与搁栅垂直，间距200mm左右。

⑤ 铺面层地板。将毛地板清扫干净，在表面弹出条形地板铺钉线。一般由中间向外边铺钉，线按线铺钉一块合格后逐渐展开。板条之间要靠紧，接头要错开，应在凸榫边用扁头钉斜向钉入板内，靠边留10~20mm空隙。铺完后要检查水平度与平整度，用平刨子或机械刨刨光。刨削时要避免产生划痕，最后用磨光机磨光。如使用已涂饰的木地板，铺钉完即可。

⑥ 装踢脚线。在墙面和地面弹出踢脚板高度、厚度线，将踢脚板钉在墙内木砖或木楔上。踢脚板接头锯成45°斜口搭接。

⑦ 油漆、打蜡。对于原木地板还需要刮腻子、打脚、涂刷、打蜡、磨光等表面处理。

2）实铺式

① 清理基层。先清理地面浮灰、杂质等。地面含水率不得大于16%，水平面误差不大于4mm；不允许有空鼓、起砂，不符合要求时需进行局部修正或刮水泥胶浆。

② 弹线。中心线与之相交的十字线应分别引入各房间作为控制要点；中心线和相交的十字形必须垂直，控制线须平行中心线或十字线；控制线的数量应根据空间大小、铺贴人员水平高低

来确定，中心线应在试铺的情况下统筹各铺贴房间的几何尺寸后确定。

③ 刷胶粘剂。在清洁的地面上用锯齿形的刮板均匀刮一遍胶，面积为 $1m^2$ 以内，然后用铲刀涂胶在木地板粘接面上，特别是凹槽内上胶要饱满，胶的厚度要控制在 $1\sim1.2mm$。

④ 铺贴。按图案要求进行铺贴，并需用力挤出多余胶液，板面上胶液应及时清理干净。隔天铺贴的交接面上的胶须当天清理，以保证隔天交接面严密。

⑤ 打磨。待地板固化后（固化时间为 $24\sim72h$），刨去地板高出部分，然后进行打磨，并用 2m 直尺检查平整度。控制要求：平整度 2mm（2m），无刨痕、毛刺，表面光洁。

⑥ 踢脚板安装。与格栅式的相同。

⑦ 油漆、打蜡。与格栅式的相同。

12. 竹面层地面施工工艺包括哪些内容?

答：（1）施工工艺流程

基层清理→弹线→安装木搁栅→铺毛地板→刨平磨光→油漆→打蜡。

（2）施工要点

1）基层处理、弹线安装木搁栅以及铺毛地板与搁栅式木地板相同。

2）铺竹地板。从墙的一边开始铺钉企口竹地板，靠墙的一块板应离开墙面 10mm 左右，以后逐块排紧。钉法采用斜钉，竹地板面层的接头应按设计要求留置。不符合模数的板块，其不足部分在现场根据实际尺寸将板块切割后镶补，并用胶粘剂加强固定。铺竹地板时应从房间内退着向外铺设。

3）刨平磨光。需要刨平磨光的底板应先粗刨后细刨，使面层完全平整后用砂带机磨光。

4）油漆、打蜡。清理灰尘以及残渣后，油漆、打蜡与木地板相同。

13. 木龙骨吊顶施工工艺包括哪些内容？

答：（1）工艺流程

弹线→木龙骨处理→龙骨架拼装→安装吊点紧固件→龙骨架吊装→面板安装→压条安装。

（2）施工要点

1）弹线。包括弹吊顶标高线。吊顶造型位置线、吊挂点位置线、大中型灯具吊点定位线。

2）木龙骨处理。①防腐处理。建筑装饰工程中所用的木质龙骨材料，应按规定选材并实施在构造上的防潮处理，同时，也应涂刷防虫药剂。②防火处理。一般是将防火涂料涂刷或喷在木材表面，也可把木材在防火涂料浸渍。

3）木龙骨拼接。①确定吊顶骨架需要分片或可以分片安装的位置和尺寸，根据分片的平面尺寸选取龙骨尺寸。②先拼接组合大片的龙骨骨架，再拼接小片的局部骨架。骨架的拼接按凹槽对凹槽咬口拼接，接口处涂胶并用圆钉固定。

4）安装吊点紧固件。吊点紧固件的安装要求位置正确且牢固。吊杆常用直径 6mm 或 8mm 的 HPB 300 级钢筋。

5）龙骨架吊装。①分片吊装。将组合好的木龙骨架托起至吊顶标高位置，先做临时固定，然后根据吊顶标高拉出纵横水平基准线，进行整片龙骨架调平，然后将其靠墙部分与沿墙边龙骨顶接。②龙骨架与吊杆固定。木骨架吊顶的吊杆，常用的有木吊杆、角钢吊杆和扁铁吊杆。分片龙骨架在同一平面内对接时，将其端头对正，然后用短木方钉于对接处的侧面或顶面进行加固。有叠级吊顶，一般自高而下开始吊装。吊装与调平的方法与上述内容相同，在分片龙骨吊装就位后，对于顶面需要设置的送风口、检修孔、内嵌式吸顶灯盘及窗帘盒等装置，在其预留位置处要加设龙骨，进行必要的加固处理及增设吊杆等。

6）龙骨整体调平。龙骨架安装就位后，需对龙骨架整体调平，使其在同一个平面内。

7）面板安装。吊顶面板安装前要做修边倒角和防火处理，安装时由中间向四周呈对称排列。吊顶的接缝与墙面交圈应保持一致。面板应按照牢固且不得出现折裂、翘曲、缺棱、掉角和脱层等现象。

8）压条固定。面板安装后需要用压条固定，以防吊顶变形。

14. 轻钢龙骨吊顶施工工艺包括哪些内容？

答：（1）工艺流程

弹线→吊杆安装→安装主龙骨→安装次龙骨→安装面板（安装灯具）→板缝处理。

（2）施工要点

1）弹线。弹线包括：顶棚标高线、造型位置线、吊挂点位置、大中型灯位线等。

2）吊杆安装。主要是进行吊杆固定件的安装。

3）主龙骨安装。①安装，将主龙骨与吊杆通过垂直吊挂件连接。②调平，在主龙骨与吊件及吊杆安装就位之后，以一个房间为单位进行调平调直。

4）次龙骨安装。①安装次龙骨。在主龙骨与次龙骨的交叉布置点，使用期配套的龙骨挂件将二者连接固定。②安装横撑龙骨，横撑龙骨由中、小龙骨截取，其方向与次龙骨垂直装在罩面板的拼接处，地面与次龙骨平整。③固定墙边龙骨。墙边龙骨沿墙面或柱面标高线钉牢。

5）面板安装：

面板常有明装、暗装、半隐装三种安装方式。

明装是指面板直接搁置在丁形龙骨两翼上，纵横丁形龙骨架均外露。暗装是指面板安装后骨架不外露。半隐装是指面板安装后外露部分骨架。

面板安装中应注意工种间的配合，避免返工拆装损坏龙骨、板材及吊顶上的风口、灯具。安装完成后要对龙骨及板面做最后调整，以保证平直。

6）嵌缝处理：

① 嵌缝材料。嵌缝时采用石膏腻子和穿孔纸带或网格胶带，嵌填钉孔则用石膏腻子。

② 嵌缝施工。整个吊顶面的纸面石膏板铺钉完成后，应进行嵌缝施工，用石膏腻子嵌平，并将所有的自攻螺钉的钉头做防锈处理。

15. 铝合金龙骨吊顶施工工艺包括哪些内容？

答：（1）工艺流程

弹线→固定吊杆→安装主、次龙骨→灯具安装→面板安装→压条安装→板缝处理。

（2）施工要点

1）弹线

① 将设计标高线弹至四周墙面或柱面上，吊顶如有不同标高，则应将变截面的位置在楼板上弹出。

② 将龙骨及吊点位置弹到楼板底面上。

2）固定吊杆

① 双层龙骨吊顶时，吊杆常用 HPB300 级直径 6mm 或 8mm 的钢筋。

② 方板、条板单层龙骨吊顶时，吊杆一般分别用 8 号铁丝和 $\phi6$ 钢筋。

3）主、次龙骨安装与调平

① 主、次龙骨安装时宜从同一方向同时安装，按主龙骨已确定的位置及标高线，先将其大致基本就位。

② 龙骨接长一般选用配套连接件，连接件可用铝合金，也可用镀锌钢板，在其表面冲成倒刺，与龙骨方孔相连。

③ 龙骨架基本就位后，以纵横两个方向满拉控制标高线（十字线），从一端开始边安装边进行调整，直至龙骨调平调直为止。

④ 钉固墙边龙骨。沿标高线固定墙边龙骨，其底面与标高线齐平。

4）面板安装

面板通常有方形金属板和条形金属板两种。

① 方形金属板搁置式安装。搁置安装后的吊顶面形成格子式离缝效果。

② 方形金属板卡入式安装。这种安装方式的龙骨材料为带夹簧的嵌龙骨配套型材。

条形金属板的安装，基本上无需各种连接件，只是直接将条形板卡扣在特制的条龙骨内，即可完成安装，常被称为扣板。板缝处理，通常条形金属板吊顶需做板缝处理，有闭缝和透缝两种形式，使用其配套嵌条。安装嵌条的为闭缝式，不安装嵌条的为透缝式。两种板缝处理均要求吊顶面板平整、板缝顺直。

16. 贴面类内墙装饰施工工艺包括哪些内容？

答：（1）工艺流程

基层处理→浸砖→复查墙面规矩→安装垫尺→搅拌水泥砂浆→镶贴→擦缝。

（2）施工要点

① 基层处理：

A. 基层为抹灰找平层时，应将表面的灰砂、污垢和油渍等清除干净，如果表面灰白，表示太干，应洒水湿润。

B. 表面为混凝土面时要凿毛，受凿面积≥70%（即每 1m² 面积打点 200 个）；凿毛后，用钢丝刷清刷一遍，并用清水冲洗干净，或者将 30%108 胶加 70%水拌合的水泥素浆用笤帚均匀甩到墙上，终凝后浇水养护（常温 3～5d），直至水泥素浆疙瘩全部固化到混凝土光板上，用手掰不动为止。

② 浸砖：瓷砖铺贴前要将面砖浸透水，最好浸 24h，然后捞起晾干备用。

③复查墙面规矩。用拖线板复查墙面的平整度、垂直度，阴阳角是否垂直，再用水平尺检查抄平墨线是否水平。

④安放垫尺：内墙铺贴面砖顺序是自下而上、由阳到阴一皮一皮逐块地铺贴，墙面砖从第二皮开始铺起，铺前在第二皮砖的下方安放垫尺，以此托住第二皮面砖，垫尺定位要以水平墨线作为依据，保证水平，保持稳固。在第二皮砖的上口拉水平通线，作为贴砖的基准。

⑤搅拌水泥浆：贴面砖的水泥浆一般采用1：1水泥浆，拌水泥浆的方法是：用灰浆桶装大约半桶水，用铲刀逐铲放入水泥粉，直到水泥粉刚好盖满水为止，稍等其水化，然后用铲刀搅一搅就可以用来贴砖。

⑥镶贴：砖背面满抹6～10mm厚水泥浆，四周刮成斜面，放在垫尺上口贴于墙上，用铲刀柄轻轻敲打，使灰浆饱满与墙面粘牢，顺手将挤出的水泥浆刮净。用靠尺理直灰缝，为保证美观，要留有1.5mm的砖缝。贴砖从阳角开始，使不成整块的砖放在阴角，阴角处的非整砖不能小于其宽度的一半，对于有镜框的地方，排砖应从镜框中心往两边分贴。

⑦擦缝：贴好后用毛刷蘸水洗净表面泥浆，用棉丝擦干净，灰缝用白水泥擦平或用1：1水泥砂浆勾缝，擦完缝后对墙面的污垢用10％的盐酸刷洗，最后用清水冲洗干净。

17. 贴面类外墙装饰施工工艺包括哪些内容？

答：外墙面砖铺贴方法与内墙釉面砖铺贴方法基本相同，仅在以下工序有所区别。

（1）调整抹灰厚度

由于外墙砖不允许出现非整砖，为了达到这个要求，可以通过调整砖缝宽度和抹灰厚度等方法予以控制。外墙砖的砖缝一般为7～10mm，根据外墙长宽尺寸先初选砖缝的宽度，使砖的宽度加半个砖缝（称为模数）的倍数正好是外墙的长或宽，如果还有微小差距，通过增加或减少抹灰厚度来调整，使抹灰后外墙的尺寸刚好是模数的整倍数。

（2）贴灰饼设标筋

根据墙面垂直度、平整度找出外墙面砖的规矩。在建筑物外墙四角吊通长垂直线，沿垂线贴灰饼，然后根据垂线拉横向通线，沿通线每隔 1.2～1.5m 贴一个灰饼，然后冲成标筋。

（3）构造做法

镶贴室外突出的檐口，腰线、窗台和女儿墙压顶等外墙面砖时，其上面必须有流水坡度，下面应做滴水线或滴水槽。流水坡向应正确，面砖压向应正确，如顶面的面砖应压向立面的面砖以免向内渗水。

18. 涂料类装修施工工艺包括哪些内容？

答：涂饰工程是指将建筑涂料涂刷于构配件或结构的表面，并与之较好地粘结，以达到保护、装饰建筑物，并改善构件性能的装饰层。

（1）施工工艺

基层处理→打底子→刮腻子→施涂涂料→养护。

（2）施工要点

1）基层处理

混凝土和抹灰表面：施涂前应将基体或基层的缺棱掉角处、孔洞用 1：3 的水泥砂浆（或聚合物水泥砂浆）修补；表面麻面、接缝错位处及凹凸不平处先凿平或用砂轮机磨平，清洗干净，然后刮水泥聚合物刮腻子或用聚合物水泥砂浆抹平；缝隙用腻子填补齐平；对于酥松、起皮、起砂等硬化不良或分离脱壳部分必须铲除重做。基层表面上的灰尘、污垢、溅沫和砂浆流痕应清除干净。施涂溶剂型涂料，基体或基层含水率不得大于 8％；施涂水性和乳液型涂料，含水率不得大于 10％，一般抹灰基层养护 14～21d，混凝土基层养护 21～28d 可达到要求。

木材表面：灰尘、污垢及粘着的砂浆、沥青或水柏油应除净。木材表面的缝隙、毛刺、掀岔和脂囊修整后，应用腻子填补，并用砂纸磨光，较大的脂囊、虫眼挖除后应用同种木材顺木纹粘结镶嵌。为防止节疤处树脂渗出，应点漆 2～4 遍。木材基层的含水率不得大于 12%。

金属表面：施涂前应将灰尘、油渍、鳞皮、锈斑、焊渣、毛刺等消除干净。潮湿的表面不得施涂涂料。

2）打底子

木材表面涂刷混色涂料时，一般用工地自配的清油打底。若涂刷清漆，则应用油粉或水粉进行润粉，以填充木纹的虫眼，使表面平滑并起着色作用。油粉用大白粉，颜料，熟桐油，松香水等配成。

金属表面则应刷防锈漆打底。

抹灰或混凝土表面涂刷油性涂料时，一般也可用清油打底。打底子要求刷到、刷匀，不能有遗漏和流淌现象。涂刷顺序一般先上后下，先左后右，先外后里。

3）刮腻子、磨光

刮腻子的作用是使表面平整。腻子应按基层、底层涂料和面层涂料的性质配套使用，应具有塑性和易涂性，干燥后应坚固。

刮腻子的次数随涂料工程质量等级的高低而定，一般以三道为限，先局部刮腻子，然后再满刮腻子，头道要求平整，二、三道要求光洁。每刮一道腻子待其干燥后，用砂纸磨光一遍。对于做混色涂料的木料面，头道腻子应在刷过清油后才能批嵌；做清漆的木料面，则应在润粉后才能批嵌；金属面等防锈漆充分干燥后才能批嵌。

4）施涂涂料

① 刷涂：是指采用鬃刷或毛刷施涂。

刷涂时，头遍横涂走刷要平直，有流坠马上刷开，回刷一次；蘸涂料要少，一刷一蘸，防止流淌；由上向下一刷紧挨一刷，不得留缝；第一遍干后刷第二遍，第二遍一般为竖涂。

刷涂要求：

A. 上道涂层干燥后，再进行下道涂层，间隔时间依涂料性能而定。

B. 涂料挥发快的和流平性差的，不可过多重复回刷，注意每层厚薄一致。

C. 刷罩面层时，走刷速度要均匀，涂层要匀。

D. 第一道深层涂料稠度不宜过大，深层要薄，使基层快速吸收为佳。

② 滚涂：指利用滚涂辊子进行涂饰。

先把涂料搅匀调至施工黏度，少量倒入平漆盘中摊开。用辊筒均匀蘸涂料后在墙面或其他被涂物上滚涂。滚涂要求为：

A. 平面涂饰时，要求流平性好、黏度低的涂料；立面滚涂时，要求流平性小、黏度高的涂料。

B. 要用力压滚，以保证涂料厚薄均匀。不要让辊中的涂料全部挤压出后才蘸料，应使辊内保持一定数量的涂料。

C. 接槎部位或滚涂一定数量时，应用空辊子滚压一遍，以保护滚涂饰面的均匀和完整，不留痕迹。

③ 喷涂：是指利用压力将涂料喷于物面上的施工方法。喷涂施工要求喷枪运行时，喷嘴中心线必须与墙、顶棚垂直，喷枪与墙、顶棚有规则地平行移动，运行速度一致。涂层的接槎应留在分格缝处，门窗以及不喷涂的部位，应认真遮挡。喷涂操作一般应连续进行．一次成活，不得漏喷、流淌。室内喷涂一般先喷涂顶棚后喷涂墙面，两遍成活，间隔时间约 2h；外墙喷涂一般为两遍，较好的饰面为三遍，作业分段线设在水落管、接缝、雨罩等处。

④ 抹涂：是指用钢抹子将涂料抹压到各类物面上的施工方法。

A. 抹涂底层涂料。用刷涂、滚涂方法先刷一层底层涂料做结合层。

B. 抹涂面层涂料。底层涂料涂饰后 2h 左右，即可用不锈钢抹压工具涂抹面层涂料，涂层厚度为 2~30mm；抹完后，间隔

1h 左右，用不锈钢抹子拍抹饰面压光，使涂料中的粘结剂在表面形成一层光亮膜；涂层干燥时间一般为 48h 以上，期间如未干燥，应注意保护。

19. 墙面罩面板装饰施工工艺包括哪些内容？

答：（1）工艺流程

外墙处理→弹线→制作、固定木骨架→安装木饰墙面→安装收口线条。

（2）施工要点

1）墙面要求平整。如墙面平整误差在 10mm 以内，可采取抹灰修正的办法；如果误差大于 10mm，可在墙面和木龙骨之间加垫木块。墙面潮湿，应待墙面干燥后施工，或做防潮处理。

2）弹线。根据木护墙板、木墙裙高度在墙面弹好线。

3）制作、固定木骨架。根据护墙板、木墙裙高度和房间大小钉做木龙骨架，横龙骨一般为 400mm 左右，竖龙骨为 600mm 左右。面板厚度 1mm 以上时，横龙骨间距可适当放大。在墙内埋设防腐木砖，然后将木龙骨架整片或分片安装在木砖上。墙面的阴阳角处，必须加钉木龙骨。

4）安装木饰面板。护墙板、木墙裙顶部要拉线找平。将面板固定在木龙骨上，面板与墙体需离开一定的距离，避免潮气对面板的影响。在护墙板、木墙裙底部安装踢脚板，将踢脚板固定在垫木及墙板上，踢脚板高度 150mm，冒头用踢脚线固定在护墙板上。护墙板、木墙裙安装后，涂刷清油一道，木压条需钉在木钉上。

20. 软包墙面装饰施工工艺包括哪些内容？

答：软包墙面是现代室内墙面装修常用做法，它具有吸声、保温、防儿童碰伤、质感舒适、美观大方等特点。特别适用于有吸声要求的会议厅、会议室、多功能厅、娱乐厅、消声室、住宅起居室、儿童卧室等处。原则上是房间内的地、顶内装修已基本完成，墙面和细木工装修底板做完，开始做面层装修时插入软包墙面镶贴装饰和安装工程。

（1）工艺流程

基层或底层处理→吊装、套方、找规矩、弹线→计算用料、套裁填充料和面料→粘贴面料→安装贴脸或装饰边线、刷镶边油漆→修整软包墙面

（2）施工要点

1）基层或底板处理。先在结构墙上预埋木砖、抹水泥砂浆找平层、刷喷冷底子油、铺贴一毡二油防潮层、安装 50mm×50mm 木墙筋（中距为 450mm）、上铺五层胶合板。如采取直接铺贴法，基层必须作认真的处理，方法是先将底板拼缝用油腻子嵌平密实、满刮腻子 1～2 遍，待腻子干燥后用砂纸磨平，粘贴前，在基层表面满刷清油（清漆＋香蕉水）一道。如有填充层，此工序可以简化。

2）吊直、套方、找规矩、弹线。根据设计图纸要求，把房间需要软包墙面的装饰尺寸、造型等通过吊直、套方、找规矩、弹线等工序，把实际设计的尺寸与造型落实到墙面上。

3）计算用料、套裁填充料和面料。首先根据设计图纸的要求，确定软包墙面的具体做法。一是直接铺贴法，此法操作比较简便，但对基层或底板的平整度要求较高；二是预制铺贴镶嵌法，此法有一定的难度，要求必须横平竖直、不得歪斜，尺寸必须准确等。故需要做定位标志以利于对号入座。然后按照设计要求进行用料计算和底材（填充料）、取料套裁工作。要注意同一房间、同一图案与面料必须用同一卷材料和相同部位（含填充料）套裁面料。

4）粘贴面料。按照设计图纸和造型的要求先粘贴填充料（如泡沫塑料、聚苯板或矿棉、木条、五合板等），按设计用料（粘结用胶、钉子、木螺钉、电化铝帽头钉、铜丝等）把填充垫层固定在预制的铺贴镶嵌底板上，然后把面料按照定位标志找好

横竖坐标上下摆正。首先把上部用木条加钉子临时固定，然后把下端和二侧位置找好后，便可按设计要求粘贴面料。

5）安装贴脸或装饰边线。根据设计选择和加工好的贴脸或装饰边线，并按设计要求先把油漆刷好（达到交活条件），粘贴面料准备工作达到设计要求和效果后，便可与基层立钉和安装贴脸或装饰边线，最后修刷镶边油漆成活。

6）修整软包墙面。软包墙面施工后需清除灰尘、处理钉粘保护膜的钉眼和胶痕等。

21. 裱糊类装饰施工工艺包括哪些内容？

答：裱糊工程是指在室内平整光洁的墙面、顶棚面、柱体面和室内其他构件表面，用壁纸、墙布等材料裱糊的装饰工程。

（1）PVC 壁纸裱糊施工工艺流程

基层处理→封闭底涂一道→弹线→预拼→裁纸、编号→润纸→刷胶→上墙裱糊→修整表面→养护。

（2）金属壁纸裱糊

金属壁纸是室内高档装修材料，它以特种纸为基层，将很薄的金属箔压合于基层表面，加工而成。用以装饰墙面，雍容华贵、金碧辉煌。高级宾馆、饭店、娱乐建筑等多采用。

施工工艺流程：

基层表面处理→刮腻子→封闭底层→弹线→预拼→裁纸、编号→刷胶→上墙裱糊→修整表面→养护。

（3）锦缎裱糊

锦缎柔软光滑，极易变形，不易裁剪，故很难直接裱糊在各种基层表面。因此，必须先在锦缎背面裱一层宣纸，使锦缎硬朗挺括以后再上墙。

施工工艺流程：

基层表面处理→刮腻子→封闭底层、涂防潮底漆→弹线→锦缎上浆→锦缎裱纸→预拼→裁纸、编号→刷胶→上墙裱糊→修整表面→涂防虫涂料→养护。

（4）施工要点（三种裱糊类装饰共同要点）

1）基层表面必须平整光滑，否则需处理后达到要求。混凝土及抹灰基层的含水率＞8％，木基层的含水率＞12％时，不得进行粘贴壁纸的施工。新抹水泥石灰膏砂浆基层常温龄期至少需10d以上（冬期需20d以上），普通混凝土基层至少需28d以上，才可裱糊装饰施工。

2）刮腻子厚薄要均匀，且不宜过厚。

3）弹线。裱糊类装饰施工前，需在墙面弹好线，以保证裱糊成品顺直。

4）裱糊。裱糊材料上墙前，墙面需刷胶，涂胶要均匀。裱贴时需用一定的力度张拉裱糊材料，以免裱糊材料起皱。

5）裱糊完工后，要去除表面不洁之物，并注意保持温度与湿度适宜。

第五节　施工项目管理

1. 施工项目管理的内容有哪些？

答：施工项目管理的内容包括如下几个方面。

（1）建立施工项目管理组织

①由企业采用适当的方式选聘称职的项目经理。②根据施工项目组织原则，采用适当的组织方式，组建施工项目管理机构，明确责任、权限和义务。③在遵守企业规章制度的前提下，根据施工管理的需要，制定施工项目管理制度。

（2）编制项目施工管理规划

施工项目管理规划包括如下内容：①进行工程项目分解，形成施工对象分解体系，以便确定阶段性控制目标，从局部到整体地进行施工活动和进行施工项目管理。②建立施工项目管理工作体系，绘制施工项目管理工作体系图和施工项目管理工作信息流程图。③编制施工管理规划，确定管理点，形成文件，以利执行。

（3）进行施工项目的目标控制

实现各项目标是施工管理的目的所在。施工项目的控制目标有进度控制目标、质量控制目标、成本控制目标、安全控制目标等。

（4）对施工项目施工现场的生产要素进行优化配置和动态管理

生产要素管理的内容包括：①分析各项生产要素的特点。②按照一定的原则、方法对施工项目生产要素进行优化配置，并对配置状况进行评价。③对施工项目的各项生产要素进行动态管理。

（5）施工项目的合同管理

在市场经济条件下，合同管理是施工项目管理的主要内容，是企业实现项目工程施工目标的主要途径。依法经营的重要组成部分就是按施工合同约定履行义务、承担责任、享有权利。

（6）施工项目的信息管理

施工项目信息管理是一项复杂的现代化管理活动，施工的目标控制、动态管理更要依靠大量的信息及大量的信息管理来实现。

（7）组织协调

组织协调是指以一定的组织形式、手段和方法，对项目管理中产生的关系不畅进行疏通，对产生的干扰和障碍予以排除的活动。协调与控制的最终目标是确保项目施工目标的实现。

2. 施工项目管理的组织任务有哪些?

答：施工项目管理的组织任务主要包括：

（1）合同管理

通过行之有效的合同管理来实现项目施工的目标。

（2）组织协调

组织协调是管理的技能和艺术，也是实现项目目标不可缺少的方法和手段。它包括与外部环境之间的协调，项目参与单位之间的协调和项目参与单位内部的协调等三种类型。

（3）目标控制

施工项目目标控制是施工项目管理的重要职能，它是指项目管理人员在不断变化的动态环境中未确保既定规划目标的实现而进行的一系列检查和调整活动。其任务是在项目施工阶段采用计划、组织、协调手段，从组织、技术、经济、合同等方面采取措施，确保项目目标的实现。

（4）风险管理

风险管理是一个确定和度量项目风险及制定、选择和管理风险应对方案的过程。其目的是通过风险分析减少项目施工过程中的不确定因素，使决策更科学，保证项目的顺利实施，更好地实现项目的质量、进度和投资目标。

（5）信息管理

信息管理是施工项目管理中的基础性工作之一，是实现项目目标控制的保证。它是对施工项目的各类信息收集、储存、加工整理、传递及使用等一系列工作的总称。

（6）环境保护

环境保护是施工企业项目管理重要内容。是项目目标的重要组成部分。

3. 施工项目目标控制的任务包括哪些内容？

答：施工项目包括成本目标、进度目标、质量目标三大目标。目标控制的任务包括使工程项目不超过合同约定的成本额度；保证在没有特殊事件发生和不改变成本投入、不降低质量标准的情况下按期完成；在投资不增加，工期不变化的情况下按合同约定的质量目标完成工程项目施工任务。

4. 施工资源管理的内容有哪些？

答：施工项目资源，也称施工项目生产要素，是指投入施工项目的劳动力、材料、机械设备、技术和资金等因素，它是施工项目管理的基本要素。施工项目管理实际上就是根据施工项目的目标、特点、施工条件，通过对生产要素的有效和有序地组织和管理项目，并实现最终目标。施工项目的计划和控制的各项工作最终都要落实到生产要素管理上。生产要素的管理对施工项目的质量、成本、进度和安全管理都有重要影响。

施工项目资源管理的内容包括以下几个方面：

（1）劳动力。施工项目中的劳动力，关键在使用，使用的关键在提高效率，提高效率的关键是如何调动职工的积极性，调动积极性的最有效途径是加强思想教育工作和利用行为科学的原理，从劳动力个人需要与行为的关系的观点出发，进行恰当的激励。

（2）材料。建筑施工现场使用的材料按其在生产中的作用可以分为主要材料、辅助材料、其他材料三类。施工项目材料管理的重点在现场、在使用、在节约、在核算。

（3）机械设备。施工项目的机械设备，主要是指作为大型工具使用的大、中、小型机械，既是固定资产，又是劳动手段。它的管理环节包括选择、使用、保养、维护、改造、更新。其关键在使用，使用的关键是提高机械效率，提高机械效率必须提高利用率和完好率。利用率的提高依靠人，完好率的提高在于保养与维修。

（4）技术。技术管理的四项任务是：①正确贯彻国家和行政主管部门的技术政策，贯彻上级对技术工作的指示与决定；②研究、认识和利用技术规律，科学地组织各项技术工作，充分发挥技术的作用；③确立正常的生产技术秩序，进行文明施工，以技术保证工程质量；④努力提高技术工作的经济效果，使技术与经济有机地结合。

（5）资金。工程项目的资金是一种特殊的资源，是获得其他资源的基础，是所有项目活动的基础。资金管理有以下焊接：编制资金计划，筹集资金，投入资金，使用资金，资金核算与分析。其重点是收入与支出问题。收支之差涉及核算、筹资、贷款、利息、利润、税收等问题。

5. 施工资源管理的任务有哪些？

答：施工资源管理的任务有以下几个方面：

（1）确定资源类型及数量。具体包括：①确定项目施工所需的各层次管理人员和各工种工人的数量；②确定项目施工所需的各种资源的品种、类型、规格和相应的数量；③确定项目施工所需的各种施工设施的定量需求；④确定项目所需的各种来源的资金的数量。

（2）确定资源的分配计划。包括编制人员需求分配计划、编制物资需求分配计划、编制施工设备和设施需求分配计划、编制资金需求分配计划。在各项计划中，明确各种资源的需求在时间上的分配，以及相应的子项目或工程部位上的分配。

（3）编制资源进度计划。它是按时间的供应计划，应重视项目对施工资源的需求情况和施工资源的供应条件而确定编制哪种资源进度计划。编制资源进度计划能合理地考虑施工资源的运用，这将有利于提高施工质量，降低施工成本加快施工进度。

（4）施工资源进度计划的执行和动态调整。施工项目施工资源管理不能仅停留在确定和编制上述计划，在施工开始前和在施工过程中应落实和执行所编的资源管理计划，并需要根据工程实际情况进行动态调整。

6. 施工项目目标控制的措施有哪些？

答：施工项目目标控制的措施有组织措施、技术措施、经济措施等。

（1）组织措施是指施工任务承包企业通过建立施工项目管理组织，建立健全施工项目管理制度，健全施工项目管理机构，进行确切和有效的组织和人员分工，通过合理的资源配置作为施工项目目标实现的基础性措施。

（2）技术措施是指施工管理组织通过一定的技术手段对施工过程中的各项任务通过合理划分，通过施工组织设计和施工进度计划安排，通过技术交底、工序检查指导、验收评定等手段确保施工任务实现的措施。

（3）经济措施是指施工管理组织通过一定程序对施工项目的各项经济投入的手段和措施。包括各种技术准备的投入、各种施工设施的投入、各种涉及管理人员施工操作人员的工资、奖金和福利待遇的提高等各种与项目施工有关的经济投入措施。

7. 施工现场管理的任务和内容各有哪些？

答：施工现场管理分为施工准备阶段的工作和施工阶段的工作两个不同阶段的管理工作。

（1）施工准备阶段的管理工作

它主要包括拆迁安置、清理障碍、平整场地、修建临时设施，架设临时供电线路、接通临时用水管线、组织材料机具进场，施工队伍进场安排等工作，这些工作虽然比较零碎，但头绪很多，需要协调和管理的组织层次和范围比较广，是对项目管理组织的一个考验。

（2）施工阶段的现场管理工作

此阶段现场管理工作头绪更多，施工参与各方人员的管理和协调，设备和器具，材料和零配件，生产运输车辆，地面、空间等都是现场管理的对象。为了有效进行现场管理，根本的一条就是要根据施工组织设计确定的现场平面进行布置图，需要调整变动时需要首先申请、协商、得到批准后方可变动，不能擅自变动，以免引起各部分主体之间的矛盾，以免造成违反消防安全、环境保护等方面的问题造成不必要的麻烦和损失。

对于节点、节水、用电安全、修建临时厕所及卫生设施等方面的管理工作，最好列入合同附则，有明确的约定，以便能有效进行管理，以在安全文明卫生的条件下实现施工管理目标。

第二章 基础知识

第一节 建筑力学

1. 力、力矩、力偶的基本性质有哪些？

答：（1）力

1）力的概念。力是物体之间的相互作用，这种作用的效果是使物体的运动状态发生改变，或者使物体发生变形。

2）力的三要素。力的大小、力的方向和力的作用点。

3）静力学公理。①作用力与反作用力公理；两个物体之间的作用力和反作用力，总是大小相等，方向相反，沿同一直线，并分别作用在这两个物体上。②二力平衡公理：作用在同一物体上的两个力，使物体平衡的必要和充分条件是，这两个力大小相等，方向相反，且作用在同一直线上。③加减平衡力系公理：作用于刚体上的力可以沿其作用线移到刚体内的任意点，而不改变原力对刚体的作用效应。根据力的可传性原理，力对刚体的作用效应与力的作用点在作用线的位置无关。加减平衡力系公理和力的可传性原理都只适用于刚体。

（2）力偶

1）力偶的概念。把作用在同一物体上大小相等、方向相反但不共线的一对平行力组成的力系称为力偶，记为 (F, F')。力偶中两个力的作用线间的距离 d 称为力偶臂。两个力所在的平面称为力偶的作用面。

2）力偶矩。用力和力偶臂的乘积再加上适当的正负号所得的物理量称之为力偶，记作 $M(F, F')$ 或 M，即

$$M(F, F') = \pm Fd$$

力偶正负号的规定：力偶正负号表示力偶的转向，其规定与

力矩相同。即力偶使物体逆时针转动则为力偶正，反之，为负。力偶矩的单位与力矩的单位相同。力偶矩的三要素：力偶矩的大小、转向和力偶的作用面的方位。

3）力偶的性质。力偶的性质包括：①力偶无合力，不能与一个力平衡或等效，力偶只能用力偶来平衡。力偶在任意轴上的投影等于零。②力偶对于其平面内任意点之矩，恒等于其力偶矩，而与矩心的位置无关。凡是三要素相同的力偶，彼此相同，可以互相代替。力偶对物体的作用效应是转动。

（3）力偶系

1）力偶系的概念。作用在同一物体上的力偶组成一个力偶系，若力偶系的各力偶均作用在同一平面，则称为平面力偶系。

2）力偶系的合成。平面力偶系合成的结果为一合力偶，其合力偶矩等于各分力偶矩的代数和。即：

$$M = M_1 + M_2 + \cdots + M_n = \Sigma M_i$$

（4）力矩

1）力矩的概念。将力 F 与转动中心点到力 F 作用线的垂直距离的乘积 Fd 并加上表示转动方向的正负号称为力 F 对 o 点的力矩，用 $M_o(F)$ 表示，即

$$M_o(F) = \pm Fd$$

正负号的规定与力偶的规定相同。

2）合力矩定理

合力对平面内任意一点之矩，等于所有分力对同一点之矩的代数和。即

$$F = F_1 + F_2 + \cdots + F_n$$

则

$$M_o(F) = M_o(F_1) + M_o(F_2) + \cdots + M_o(F_n)$$

2. 平面力系的平衡方程有哪几个？

答：（1）力系的概念

凡各力的作用线都在同一平面内的力系称为平面力系。在平

面力系中各力的作用线均汇交于一点的力系，称为平面汇交力系；各力作用线在同一平面内并且互相平行的力系，称为平面平行力系；各力的作用线既不完全平行，也不完全汇交的力系称为平面一般力系。

（2）力在坐标轴上的投影

力在两个坐标轴上的投影、力的值、力与 x 轴的夹角分别如下各式所示。

$$F_x = F\cos\alpha$$

$$F_y = F\sin\alpha$$

$$F = \sqrt{F_x^2 + F_y^2}$$

$$\alpha = \arctan\left|\frac{F_y}{F_x}\right|$$

（3）平面汇交力系的平衡方程

平面一般力系的平衡条件：平面一般力系中各力在两个任选的直角坐标系上的投影代数和分别等于零，各力对任一点之矩的代数和也等于零。用数学公式表达为：

$$\Sigma F_x = 0$$

$$\Sigma F_y = 0$$

$$\Sigma m_o(F) = 0$$

此外，平面一般力系平衡方程还可以表示为二矩式和三力矩式。它们各自平衡的方程组分别如下：

二矩式：

$$\Sigma F_x = 0$$

$$\Sigma m_A(F) = 0$$

$$\Sigma m_B(F) = 0$$

三力矩式：

$$\Sigma F_x = 0$$

$$\Sigma m_A(F) = 0$$

$$\Sigma m_C(F) = 0$$

（4）平面力偶系

在物体的某一平面内同时作用有两个或两个以上的力偶时，这群力偶就称为平面力偶系。由于力偶在坐标轴上的投影恒等于零，因此，平面力偶系的平衡条件为：平面力偶系中各力偶的代数和等于零。即

$$\Sigma M = 0$$

3. 单跨静定梁的内力计算方法和步骤各有哪些？

答：静定结构在几何特性上是无多余联系的几何不变体系，在静力特征上仅由静力平衡条件可求全部反力和内力。

（1）单跨静定梁的受力

静定结构只在荷载作用下才产生反力、内力；反力和内力只与结构的尺寸、几何形状等有关，而与构件截面尺寸、形状、材料无关，且支座沉陷、温度变化、制造误差等均不会产生内力，只产生位移。

1）单跨静定梁的形式

以轴线变弯为主要特征的变形形式称为弯曲变形或简称弯曲。以弯曲为主要变形的杆件称为梁。单跨静定梁包括单跨简支、伸臂梁（一端伸臂或两端伸臂）和悬臂梁。

2）静定梁的受力

静定梁在上部荷载作用下通常受到弯矩、剪力和支座反力的作用，对于悬臂梁支座根部为了平衡固端弯矩就需要竖直方向的支反力和水平方的轴向力。一般梁纵向轴力对梁受力的影响不大，讨论时不予考虑。

① 弯矩。截面上应力对截面形心的力矩之和，不规定正负号，弯矩图画在杆件受拉一侧，不注符号。

② 剪力。剪力截面上应力沿杆轴法线方向的合力，使杆端有顺时针方向转动的趋势的为正，画剪力图要注明正负号；由力的性质可知：在刚体内，力沿其作用线滑移，其作用效应不改变。如果将力的作用线平行移动到另一位置，其作用效应将发生

变化，其原因是力的转动效应与力的位置有直接的关系。

（2）用截面法计算单跨静定梁

计算单跨静定梁常用截面法，其具体步骤如下：

1）根据力和力矩平衡关系求出梁端支座反力。

2）截取隔离体。从梁的左端支座开始取距支座为 x 长度的任意截面，假想将梁切开，并取左端为分离体。

3）根据分离体截面的竖向力平衡的思路求出截面剪力表达式（也称为剪力方程），将任一点的水平坐标代入剪力平衡方程就可得到该截面的剪力。

4）根据分离体截面的弯矩平衡的思路求出截面弯矩表达式（也称为弯矩方程），将任一点的水平坐标代入剪力平衡方程就可得到该截面的弯矩。

5）根据剪力方程和弯矩方程可以任意地绘制出梁剪力图和梁的弯矩图，以直观观察梁截面的内力分配。

4. 多跨静定梁的内力分析方法和步骤各有哪些？

答：多跨静定梁是指由若干根梁用铰相连，并用若干支座与基础相连而组成的静定结构。多跨静定梁的受力分析应先进行附属部分，后基本部分的分析顺序。分析时先计算全部反力（包括基本部分反力及连接基本部分与附属部分的铰处的约束反力），做出层叠图；然后将多跨静定梁拆成几个单跨梁，按先附属部分后基本部分的顺序绘内力图。

5. 静定平面桁架的内力分析方法和步骤各有哪些？

答：静定平面桁架的功能和横跨的大梁相似，只是为了提供房屋建筑更大的跨度。其构成上与梁不同，内力计算也就不同。它的内力分析步骤如下。

1）根据静力平衡条件求出支座反力。

2）从左向右、从上而下对桁架各节点编号。

3）从左端支座右侧的第一节间开始，用截面法将上下弦第一节间截开，按该截面各杆件到支座中心弯矩平衡求出各杆件的轴向内力。

4）依次类推，将第二节间和第三节间截开，根据被截截面各杆件弯矩和剪力平衡的思路，求出相应节间内各杆件的轴力。

6. 杆件变形的基本形式有哪些？

答：杆件变形的基本形式有拉伸和压缩、弯曲和剪切、扭曲等。

拉伸或压缩是杆件在沿纵向轴线方向受到轴向拉力或压力后长度方向的伸长或缩短。在弹性限度内产生的伸长或缩短是与外力的大小成正比例的。

弯曲变形是杆件截面受到集中力偶或沿梁横截面方向外力作用后引起的弯曲变形。杆件的变形是曲线形式。

剪切变形是指杆件在沿横向一对力相向作用下截面受剪后产生的截面错位的变形。

扭转是指杆件受到扭矩作用后截面绕纵向形心轴产生扭转变形。

7. 什么是应力、什么是应变？在工程中怎样控制应力和应变不超过相关结构规范的规定？

答：应力是指构件在外荷载作用下，截面上单位面积内所产生的力。应变是指构件在外力作用下单位长度内的变形值。

在工程设计中应根据相应的结构进行准确的荷载计算、内力分析，根据相关设计规范的规定进行必要的强度验算、变形验算，使杆件的内力值和变形值不超过实际规范的规定，以满足设计要求。

8. 什么是杆件的强度？在工程中怎样应用？

答：强度是指杆件在特定受力状态下到达破坏状态时截面能够承受的最大应力。也可以简单理解为，强度就是杆件在外力作用下抵抗破坏的能力。对杆件来说，就是结构构件在规定的荷载作用下，保证不因材料强度发生破坏的要求，称为强度要求。

在进行工程设计时，针对每个不同构件，应在明确受力性质和准确内力计算基础上，根据工程设计规范的规定，通过相应的强度计算，使杆件所受到的内力不超过其强度值来保证其安全可能性要求。

9. 什么是杆件刚度和压杆稳定性？在工程中怎样应用？

答：杆件的刚度是指杆件在弹性限度范围内抵抗变形的能力。在同样荷载或内力作用下，变形小的杆件其刚度就大。为了保证杆件变形不超过规范规定的最大变形值，就需要通过改变和控制杆件的刚度来满足。换句话说，刚度概念的工程应用就是用来控制杆件的变形值。

对于梁和板，其截面刚度越大，它在上部荷载作用下产生的弯曲变形就越小，反映在变形上就是挠度小。对于一个受压构件，它的截面刚度大，它在竖向力作用下的侧移的发生和增长速度就慢，到达承载力极限时的临界荷载就大，稳定性就高。

稳定性是指构件保持原有平衡状态的能力。压杆通常长细比比较大，承受轴向的轴心力或偏心力作用，由于杆件细长，在竖向力作用下，它自身保持原有平衡状态的能力就比较低，并且越是细长其稳定性越差。

细长压杆的稳定承载力和临界应力可以根据欧拉临界承载力公式和临界应力公式计算确定。

工程设计中要保证受压构件不发生失稳破坏，就必须按照力学原理分析杆件受力，严格按照设计规范的规定，进行验算和设计。

第二节　建筑构造、建筑结构的基本知识

1. 民用建筑由哪些部分组成？它们的作用和应具备的性能各有哪些？

答：一幢工业或民用建筑一般都是由基础、墙或柱、楼地

层、楼梯、屋顶和门窗六大部分组成，如图 2-1 所示。各部分的
作用如下。

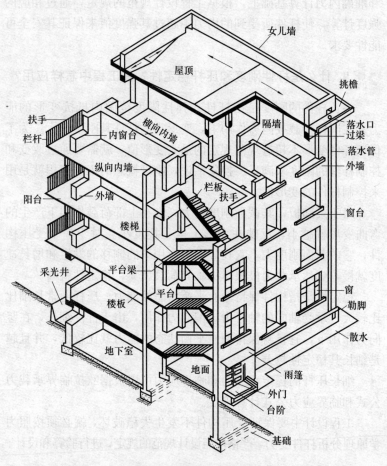

图 2-1 房屋的构造组成

（1）基础

它是建筑物最下部的承重构件，其作用是承受建筑物的全部
荷载，并将这些荷载传给地基。因此，基础必须具有足够的强
度，并能抵御地下各种有害因素的侵蚀。

（2）墙（或柱）

它是建筑物的承重构件和围护构件。作为承重构件的外墙主要起抵御自然界各种因素对室内侵袭的作用；内墙主要起分隔作用及保证舒适环境的作用。框架和排架结构的建筑中，柱起承重作用，墙不仅起围护作用，同时在地震发生后作为抗震第二道防线可以协助框架和排架柱抵抗水平地震作用对房屋的影响。因此，要求墙体具有足够的强度、稳定性、保温、隔热、防水、防火、耐久及经济等性能。

（3）楼板层和地坪

楼板是水平方向的承重构件，按房间层高将整个建筑物沿水平方向分为若干层；楼板层承受家具、设备和人体荷载以及本身的自重，并将这些荷载传给墙和柱；同时对墙体起着水平支撑作用。因此，要求楼板层应具有足够的抗弯强度、刚度和隔声性能，对有水侵蚀的房间，还应具有防潮、防水的性能。

地坪是底层房间与地基土层相连的构件，起承受底部房间荷载和防潮、防水等作用。要求地坪具有耐磨、防潮、防水、防尘和保温等性能。

（4）楼梯

它是房屋建筑的垂直交通设施，供人们上下楼层和紧急疏散之用，故要求楼梯具有足够的通行能力，并具防滑、防火，能保证安全使用。

（5）屋顶

屋顶是建筑物顶部的维护和承重构件。抵御风、雨、雪霜、冰雹等的侵袭和太阳辐射热的影响；又能承受风雪荷载及施工、检修等屋面荷载，并将这些荷载传给墙或柱。故屋顶应具有足够的强度、刚度以及防水、保温、隔热等性能。

（6）门与窗

门与窗均属非承重构件，也称为配件。门主要是供人们出入房间、承担室内外具体联系和分隔房间之用；窗除满足通风、采光、日照、造型等功能要求外，处于外墙上的门窗又是围护构件的一部分，要具有隔热、得热或散热的作用，某些特殊要求的房间，门、窗应具有隔声、防火性能。

建筑物除以上六大组成部分外，对于不同功能的建筑物还可能有阳台、雨篷、台阶、排烟道等。

2. 幕墙的特点和一般构造有哪些？

答：幕墙是现代建筑中经常采用的一种墙体形式，一般是用金属龙骨架把各种板材悬挂在建筑主体结构的外侧，有时也可以作为建筑结构的围护结构。常用的幕墙有玻璃幕墙、石材幕墙和金属幕墙三类。

（1）幕墙的特点

幕墙的特点是：①装饰效果好、造型美观、丰富了墙面装饰的类型；②通常采用拼装组合式构件、施工速度快、维护方便；③自重轻，具有较好的物理性能；④造价偏高，施工难度较大，部分玻璃幕墙的效果不理想，存在光污染现象。

（2）幕墙的构造

1）玻璃幕墙的构造

玻璃幕墙分为有框式玻璃幕墙、点式玻璃幕墙和全玻璃式幕墙等，它们所用的材料主要有玻璃、支撑体系、连接件和粘结密封材料。玻璃幕墙在构造方面主要应解决好以下问题：

① 结构的安全性：要保证幕墙与建筑主体（支撑体系）之间既要连接牢固、又要有一定的变形空间（包括结构变形和温度变形），以保证幕墙的使用安全。

② 防雷与防火：幕墙中使用了大量的金属构配件，要求做好防雷工作，幕墙后侧与主体结构之间存在一定的缝隙，对隔火、防烟不利。通常要求幕墙形成自身的防雷体系，并与主体建筑的防雷装置有效连接；在幕墙与楼板、隔墙之间的缝隙内填塞岩棉、矿棉或玻璃丝等阻燃材料，并用耐热钢板封闭。

2）石材幕墙

石材幕墙可以分为天然石材幕墙和人造石材幕墙两种。天然石材可以用在室内、也可以用在室外，人造石材多用在室内。石材幕墙的构造：需要事先把板材四角部分开出暗槽（多用于天然石材）或粘结连接金属件（多用于人造石材），然后利用特制的连接铁件（高强、耐腐）把板材固定在金属支架上，并用密封胶嵌缝，饰面板与主体结构之间一般需要留有 80～100mm 的空隙。由于安装幕墙时需要较大的构造空间，需要在设计阶段就统筹考虑，留出必要的空间，并对墙面线脚、门窗洞口、墙面转角处进行专门的设计和排版。

　　3）金属幕墙

　　金属幕墙是用薄铝板、复合铝板以及不锈钢板作为主材，经过压型或折边制成不同规格和形状的饰面板材，然后通过技术固件或连接件与建筑主体结构相连，最后用密封材料嵌缝。金属幕墙按照固定面板的形式不同可分为附着式和骨架式两类。骨架式幕墙的构造为：一般采用铝合金骨架，与主体建筑结构（墙体、柱、梁）连接固定，然后把金属面板通过连接件固定在框格上，然后再固定。

3. 民用建筑常用的整体式、板材式室内地面的装饰构造各包括哪些内容？

　　答：（1）整体地面

　　用现场浇筑或涂抹的施工方法做成的地面称为整体地面。常见的有水泥砂浆地面和水磨石地面。

　　1）水泥砂浆地面。它可以作为完成面使用，也可以作为其他面层的基层。它具有造价低、施工方便、适应性好的优点，但观感差、易结露和起灰、耐磨度一般。水泥砂浆地面一般先用 15～20mm 厚 1:3 水泥砂浆打底、找平，再以 5～10mm 厚的 1:2 或 1:2.5 的水泥砂浆抹面，用抹子拍出净浆，最后洒上干粉水泥揉光，抹平。为了防止面层开裂，可以在结构层变形较大的位置设置分仓缝。

　　2）水磨石地面。它是用水泥作为胶凝材料、大理石碎块和白云石等中等硬度的石屑作为骨料组成的水泥石屑浆作为面层材料，经磨光而成的地面。水磨石地面的构造做法为：水磨石地面一般先用 10～15mm 厚 1：3 水泥砂浆打底并找平，然后按计划的要求固定分格条。然后用 1：2～1：2.5 水泥石屑抹面，浇水养护后用磨光机磨光，再用草酸清洗，并打蜡保护。

（2）块材地面

块材地面是指利用各种块材铺贴而成的地面，按面层材料不同有陶瓷类板材地面、石材地面和木板地面。陶瓷类地面的铺贴方式一般是在结构层或垫层找平的基础上，用 1：3 的水泥砂浆作粘结层，按事先设计好的顺序铺贴面层材料，最后用水泥粉嵌缝。石材地面按石材的不同分为天然石材地面和人造石材地面两类。石材地面的构造做法是在垫层上先用 20～30mm 厚的 1：3～1：4 干硬性水泥砂浆找平，再用 5～10mm 厚 1：1 水泥砂浆铺贴石材，并用干粉水泥或水泥浆擦缝。在首层地面可以采用泼浆的铺法。

（3）木地板

木地板分为实木地板、复合地板及实木复合三种。木地板按构造形式可以分为空铺式和实铺式两种，空铺式耗费木料较多，占用空间较大，使用已逐渐减少；实铺式使用较多，目前采用铺钉式和直铺式做法。

4. 民用建筑室内墙面的装饰构造做法包括哪些内容？

答：民用建筑室内墙面按材料和施工方法不同分为抹灰类、贴面类、涂料类、裱糊类和铺钉类。抹灰类墙面和块材墙面的构造做法分别为：

（1）抹灰类

抹灰类墙面在施工时一般要分层操作，一般分底层抹灰和面层两遍抹灰成活。对于要求较高的地面在面层和底层之间增加一个中间层。抹灰厚度控制在 15～20mm。底层抹灰的作用是保证抹灰与墙面牢靠粘结和找平。普通砌块墙体常用石灰砂浆和混合砂浆，混凝土墙则用混合砂浆或水泥砂浆，在抹灰之前要把墙淋湿，中层抹灰的主要作用是找平，所用材料与底层材料相同，也可以根据装修要求不同选用其他材料；面层抹灰的作用就是为了达到装饰效果，是抹灰构造做法中最重要的一环。要求表面平整、色彩均匀、无裂纹，并根据设计要求做成光滑、粗糙等不同质感的表面。

在室内抹灰中，对于人群活动频繁，易受碰撞或有防水、防潮要求的墙面，常用 1：3 水泥砂浆打底，1：2 水泥砂浆做高约 1.5m 的墙裙。对于易被碰撞的内墙阳角，宜用 1：2 水泥砂浆做护角，高度不应小于 2m，每侧宽度不应小于 50mm。

（2）贴面类墙面

贴面类装修是目前用得最多的一种墙面装饰做法，包括粘贴、绑扎、悬挂等工艺。它具有耐久性好、装饰效果好，容易养护预清理等优点。常用的贴面材料有花岗岩和大理石等天然石板、面砖、瓷砖等。

面砖是以陶土或瓷土为原料，压制成型后煅烧而成的，它一般用水泥砂浆作为粘结材料。铺贴前一般是先将墙面清洗干净，然后将面砖放入水中浸泡一段时间，粘结前去除表面的水分。先抹 15mm 厚的 1：3 水泥砂浆打底找平，再抹 5mm 厚 1：1 水泥细砂砂浆作为粘贴层，为了延长砂浆的初凝时间，可以在砂浆中掺入一定比例的 108 胶，面砖的排列方式和接缝的大小对立面效果有一定的影响，通常有横铺、竖铺和错开排列。

石材墙面装修具有较高的强度、结构密实、不易污染、装修效果好等优点，但由于加工复杂、造价高，通常用于中高档装修中。人造石一般由白水泥、彩色石子、颜料等配合而成，具有天然石材的花纹和质感，重量轻、表面光洁、色彩多样、造价低等优点，常见的有水磨石板、大理石板等。石板墙湿挂法一般需要现在主体墙面上用 $\phi8 \sim \phi10$ 钢筋制作的钢筋网，再用双股铜线或镀锌铁丝穿好事先在石材上钻好的孔眼（人造板则利用预埋在板中的安装环），将石材绑扎在钢筋网上。上下两块石材用不锈钢卡销固定。石材与墙之间一般留 30mm 的缝隙，上部用定位活动木楔做临时固定,校正无误后,在板与墙之间分层浇筑 1:2.5 的水泥砂浆,每次贯入高度不超过 200mm。待砂浆初凝后,去掉定位活动木楔,继续上层石板的安装。

5. 民用建筑室内顶棚的装饰构造要求及构成各有哪些?

答:(1)顶棚的装饰构造要求

满足装饰和空间的要求;具有可靠的技术性能;具有良好的物理功能;提供设备空间等。

(2)顶棚常见的装饰构造

1)直接顶棚。是指在主体结构层(楼板或屋面板)下表面直接进行装饰处理的顶棚。它构造简单、节省空间。它分为以下两种:

① 抹灰顶棚。常用 1:3:9 混合砂浆抹灰,一般是两遍成活,要求与墙面抹灰基本相同。

② 直接铺钉饰面板顶棚。它和吊顶的直接区别在于不设顶棚吊杆,而直接在主体结构下表面铺设龙骨,然后再设置饰面板。这种吊顶多使用木龙骨,断面一般为 40mm×40mm 或 40mm×60mm,龙骨常用射钉与主体结构相连。它对结构层平整度要求较高,当存在较小误差时可用垫木直接做调整。

2)吊顶棚。具有装饰效果好、多样化、可以改善室内空间比例,具有适应视听要求较高的厅堂要求,以及方便布置设备管线的优点,在室内装饰要求较高的建筑中广泛应用。它可以分为轻钢龙骨吊顶、矿棉吸声吊顶、金属方板吊顶、开敞式吊顶等。主要组成部分有吊杆、龙骨、饰面板等。

6. 建筑的室外装饰的重点部位和构造包括哪些内容?

答:(1)室外装饰的重点部位

建筑室外重点装饰部位包括:

1)墙面

外墙面它是外立面的最重要组成部分,建筑外观的总体效果由墙面效果体现。在外墙面处理时,主要关注墙面材料的质感、色彩和组合方式，墙面的线脚以及施工工艺效果。

2）门窗

门窗在外墙面中所占的面积居于第二位，它在一定程度上左右着建筑立面风格，反映建筑的时代和档次，门窗的尺寸、比例很重要，同时门窗的框料和镶嵌材料的种类、色彩、质感对建筑立面效果影响很大。

3）檐口和勒角

檐口是墙面的最上端组成部分，它的位置比较显眼，而且与屋顶关系密切；勒角靠近地面，与人们的日常活动的距离最近，它也是装饰的重点部位。

4）阳台

阳台是住宅建筑的重要组成部分，数量多、分布规律。应当结合建筑的整体风格来对阳台的形状、线脚、饰面材料进行设计。

（2）外墙面的装饰构造

通常使用的有水刷石墙面和剁斧石（假石）墙面。

1）水刷石墙面的具体做法是：先用 15mm 厚的 1∶3 水泥砂浆打底刮毛；然后进行分格，并固定好分格条；在刷一道素水泥砂浆，然后抹水泥石渣浆，其配合比与石子的粒径有关，等到墙面半凝固之后，用喷枪刷去表面的水泥浆，使石子半露即可。

2）剁斧石墙面是以水泥石渣浆作为面层，等到面层全部硬化、具有相当强度之后，用斧子、凿子、切割机等工具按照事先设计好的方案进行剁斩，最终形成类似于天然石材的一种装饰方法。剁斩的方法有主纹剁斩、花锤剁斩和棱点剁斩等方式。

大多数情况下，室内外装饰构造的差异不大，如抹灰类和涂刷类墙面，以及其他类型的饰面，关键是要根据室外自然环境的差异，选择好面层材料和粘结方法。

7. 钢结构的连接有哪些类型？各有什么特点？

答：钢结构的连接包括焊接、螺栓连接、高强度螺栓连接和铆接等几种。

（1）焊接。它是钢结构连接中应用最广泛的一种方式，它的优点就是连接密封性很好，适用于对密封性能要求较高的结构物种。它具有施工效率高、焊接强度高、刚性大等很多优势，但施工时产生的电弧会影响环境。

（2）螺栓。螺栓连接直接、间接传力明确、施工速度快、易于拆卸，在临时结构中使用对施工企业迁移较为有利。但是对连接件之间的打孔，削弱了构件截面有效面积，同时螺栓施工费时费工，间接增加了造价。

（3）高强度螺栓连接。高强度螺栓连接是螺栓连接的分类，它和螺栓连接的共同点就是用材料加工费工费时，对板材打孔后会影响构件的受力。高强度螺栓连接的特点是充分利用了高强材料、节省钢材，但施工时需要专门加工螺栓，费事费时。其使用尚处初级阶段。

8. 钢结构轴心受力、受弯构件的受力特点各是什么？

答：（1）轴心受力构件

轴心受力构件是指构件承受外力的作用线与构件轴线重合的构件。它沿构件纵向形心轴方向受力，截面各部分均匀受拉。对于受压构件通常考虑强度、刚度和稳定三个方面；对于轴心受拉构件，只考虑其强度、刚度和长细比等。

（2）受弯构件

受弯构件是建筑物中最常用的构件之一，它截面非均匀受力，一侧偏心受压、一侧偏心受拉，以梁和板为主。设计时应进行强度验算、整体稳定性验算、局部稳定性验算等。截面形状以工字形、H形、箱形为主。

9. 钢筋混凝土受弯、受压和受扭构件的受力特点、配筋有哪些种类？

答：（1）钢筋混凝土受弯

钢筋混凝土受弯构件是指支撑与房屋结构竖向承重构件柱、

墙上的梁和以梁或墙为支座的板类构件。它在上部荷载作用下各截面承受弯矩和剪力的作用，发生弯曲和剪切变形，承受主拉应力影响，简支梁的梁板跨中、连续梁的支座和跨间承受最大弯矩作用，梁的支座两侧承受最大剪力影响。

板内配筋主要有根据弯矩最大截面计算所配置的受力钢筋和为了固定受力钢筋在其内侧垂直方向所配置的分布钢筋；其次，在板角和沿墙板的上表面配置的构造钢筋，在连续支座上部配置的抵抗支座边缘负弯矩的弯起式钢筋或分离式钢筋等。

梁内钢筋通常包括纵向受力钢筋、箍筋、架立筋、腰筋等；在梁的腹板高度大于450mm后梁中部箍筋内侧沿高度方向对称配置的构造钢筋和拉结筋等。

（2）钢筋混凝土受压构件

钢筋混凝土受压构件是指房屋结构中以柱、屋架中受压腹杆和弦杆等为代表的承受轴向压力为主的构件。根据轴向力是否沿构件纵向作用与形心轴之间的关系可分为轴心受压构件和偏心受压构件。

受压构件中的钢筋主要包括纵向受力钢筋、箍筋两类。

（3）钢筋混凝土受扭构件

钢筋混凝土受扭构件是指构件截面除受到其他内力影响还同时受到扭矩影响的构件。如框架边梁在跨中垂直梁纵向的梁端弯矩影响下受扭，雨篷梁、阳台梁、折线梁等都是受扭构件。

受扭构件通常会同时受到弯矩和剪力的作用，它的钢筋包括了纵向钢筋和箍筋两类。受扭构件的纵向钢筋是由受弯纵筋和受扭纵筋配筋值合起来通盘考虑配置的，其中截面受拉区和受压区的配筋是两部分之和，中部对称配置的是受扭钢筋。箍筋也是受剪箍筋和受扭箍筋二者之和配置的结果。

10. 现浇钢筋混凝土肋形楼盖由哪几部分组成？各自的受力特点是什么？

答：现浇钢筋混凝土肋形楼盖由板、次梁和主梁三部分组成。

现浇钢筋混凝土肋形楼盖中的板的主要受力边与次梁上部相连，非主要受力边与主梁上部相连，它以次梁为支座并向其传递楼面荷载和自重等产生的线荷载，一般是单向受力板。

现浇钢筋混凝土肋形楼盖中次梁通常与主梁垂直相交，以主梁和两端墙体为支座，并向其支座传递集中荷载。主梁承受包括自重等在内的全部楼盖的荷载，并将其以集中荷载的形式传给了作为它自身支座的柱和两端的墙。现浇钢筋混凝土肋形楼盖荷载的传递线路为板→次梁→主梁→柱（或墙）。板主要承受跨内和支座上部的弯矩作用；次梁和主梁除承受跨间和支座截面的弯矩作用外，还要承受支座截面剪力的作用。主次梁交接处主梁还要承受次梁传来的集中竖向荷载产生的局部压力形成的主拉应力引起的高度在次梁下部的"八"字形裂缝。

11. 钢筋混凝土框架结构按制作工艺分为哪几类？各自的特点和施工工序是什么？

答：钢筋混凝土框架结构按施工工艺不同分为全现浇框架、半现浇框架、装配整体式框架和全装配式框架四类。

（1）全现浇框架

全现浇框架是指作为框架结构的板、梁和柱整体浇筑成为整体的框架结构。它的特点是整体性好、抗震性能好，建筑平面布置灵活，能比较好地满足使用功能要求；但由于施工工序多质量难以控制，工期长、需要的模板量大建筑成本高，在北方地区冬期施工成本高、质量较难控制。它的主要工序是绑扎柱内钢筋、经检验合格后支柱模板；支楼面梁和板的模板、绑扎楼面梁和板的钢筋，经检验合格后浇注柱梁板的混凝土并养护；逐层类推完成主体框架施工。

（2）半现浇框架

半现浇框架是柱预制、承重梁和连续梁现浇、板预制，或柱和承重梁现浇，板和连系梁预制，组装成型的框架结构。它的特点是节点构造简单、整体性好；比全现浇框架结构节约模板，比装配式框架节约水泥，经济性能较好。它的主要施工工序是先绑扎柱钢筋，经检验合格后支模；接着绑扎框架承重梁和连系梁的钢筋，经检验和合格后支模板，然后浇筑混凝土；等现浇梁柱混凝土达到设计规定的值后，铺设预应力混凝土预制板，并按构造要求灌缝做好细部处理工作。

（3）装配整体式框架

它是指在装配式框架或半现浇框架的基础上，为了提高原框架的整体性，对楼屋面采用后浇叠合层，使之形成整体，以达到盖上楼盖整体性的框架结构形式。它的特点是具有装配式框架施工进度快、也具有现浇框架整体性好的双重优点，在地震低烈度区应用较为广泛。它的主要施工工序是在现场吊装梁、柱，浇筑节点混凝土形成框架，或现场现浇混凝土框架梁、柱，在混凝土达到设计规定的强度值后，开始铺设预应力混凝土空心板，然后在楼屋面浇筑后浇钢筋混凝土整体面层。

（4）装配式框架

它是指框架结构中的梁、板、柱均为预制构件，通过施工现场组装所形成的拼装框架结构。它的主要特点是构件设计定型化、生产标准化、施工机械化程度高，与全现浇框架相比节约模板、施工进度快、节约劳动力、成本相对较低。但整体性差、接头多，预埋件多、焊接节点多，耗钢量大，层数多、高度大的结构吊装难度和费用都会增加，由于其整体性差的缺点在大多数情况下已不再使用。它的主要工序包括现场吊装框架柱和梁并就位，支撑、焊接梁和柱连接节点处的钢筋，后浇节点混凝土形成所拼装框架结构。

12. 砌体结构的特点是什么？怎样改善砌体结构的抗震性能？

答：砌体结构是块材和砂浆砌筑的墙、柱作为建筑物主要受力构件的结构。是砖砌体、砌块砌体和石砌体结构的统称。砌体材料包括块材和砂浆两部分，块材和硬化后的砂浆均为脆性材料，抗压强度较高，抗拉强度较低。黏土砖是砌体结构中的主要块材，生产工艺简单、砌筑时便于操作、强度较高、价格较低廉，所以使用量很大。但是由于生产黏土砖消耗黏土的量大、毁坏农田与农业争地的矛盾突出，焙烧时造成的大气污染等对国家可持续发展构成负面影响，除在广大农村和城镇大量使用以外，大中城市已不允许建设隔热保温性能差的实心砖砌体房屋。空心砖相对于实心砖具有强度不降低、重量轻、制坯时消耗的黏土量少、可有效节约农田、节约烧制时的所用燃料、施工时劳动强度低和生产效率高、在墙体中使用隔热保温性能良好等特点，所以，它可作为实心黏土砖的最好的替代品。水泥砂浆是其他结构的主要用料。水泥和砖各地都有生产，所以砌体材料便于就地取材，砌体结构价格低廉。但砌体结构所用材料是脆性的，所以结构整体延性差，抗震能力不足。

通过限制不同烈度区房屋总高和层数的做法减少震害，通过对结构体系的改进减少震害，通过对材料强度限定确保结构受力性能，通过采取设置圈梁、构造柱、配置墙体拉结钢筋、明确施工工艺、完善结构体系和对设计中各个具体和局部尺寸的限制等一系列方法和思路提高其抗震性能。

13. 什么是震级？什么是地震烈度？它们有什么联系和区别？

答：震级是一次地震释放能量大小的尺度，每次地震只有一个震级，世界上使用里克特震级来定义地震的剧烈程度。震级越高地震造成的破坏作用越大，同一地区的烈度值就越高。

烈度是某地遭受一次特定地震后地表、地面建筑物和构筑物所遭受到影响和破坏的强烈程度。也就是某次地震所造成的影响大小的尺度。特定的某次地震在不同震中距处造成的烈度可能不同，也可能在相同震中距处造成明显不同的烈度，这主要是震级与地质地貌条件有关，也与建筑物和构筑物自身的设计、施工质量和房屋的综合抗震能力有关。即一次地震可能有好多个震级。

震级和烈度是正向相关关系，震级越大，烈度就越高；但是每次地震只有一个震级，但可能在不同地区或在同一地区产生不同的烈度；震级是地震释放能量大小的判定尺度，而烈度则是地震在地表上所造成后果的严重性的判定尺度，二者有联系但不是同一个概念。

14. 什么是抗震设防？抗震设防的目标是什么？怎样才能实现抗震设防目标？

答：抗震设防是指在建筑物和结构物等设计和施工过程中，为了实现抗震减灾目标，所采取的一系列政策性、技术性、经济性措施和手段的通称。

抗震设防的目标是：

（1）当受到低于本地区基本烈度的多遇地震影响时，一般不受损坏或不需修理可以继续使用。

（2）当受到相当于本地区基本烈度的地震影响时，可能损坏，经一般修理或不需修理仍可继续使用。

（3）当受到高于本地区基本烈度预估罕遇地震影响时，不致倒塌或危及生命的严重破坏。概括起来就是俗称的"小震不坏、中震可修，大震不倒"，并且最终的落脚点是大震不倒。

要实现抗震设防目标必须从以下几个方面着手：一是从设计入手，严格遵循国家抗震设计的有关规定、规程和抗震规范的要求从源头上设计出满足抗震要求的高质量合格的建筑作品。二是施工阶段要严格质量把关和质量验收，切实执行设计文件和图纸的要求，从材料使用、工艺工序等环节着手严把质量关，切实实现设计意图，用高质量的施工保证抗震设防目标的实现。

第三节　施工测量的基本知识

1. 怎样使用水准仪进行工程测量？

答：使用水准仪进行工程测量的步骤包括安置仪器、粗略整平、瞄准目标、精平、读数等几个步骤。

（1）安置仪器

把三脚架应安置在距离两个测站点大致等距离的位置，保证架头大致平行。打开三脚架调整至高度适中，将架脚伸缩螺栓拧紧，并保证脚架与地面有稳固连接。从仪器箱中取出水准仪置于架头，用架头上的连接螺栓将仪器三脚架连接牢固。

（2）粗略整平

首先使物镜平行任意两个螺栓的连线；然后，两手同时向内和向外旋转调平螺栓，使气泡作用方向移至两个最先操作的调平螺栓连线中间；再用左手旋转顶部，另外一只手调平螺栓，使气泡居中。

（3）瞄准

首先将物镜对着明亮的背景，转动目镜调焦螺旋，调节十字丝清楚。然后松开制动螺旋，利用粗瞄准器瞄准水准尺，拧紧水平制动螺旋。再调节物镜调焦螺旋，使水准尺分划清楚，调节水平微动螺旋，使十字丝的竖丝照准水准尺边缘或中央。

（4）精平

目视水准管气泡观察窗，同时调整微倾螺旋，使水准管气泡两端的影像重合，此时水准仪达到精平（自动安平水准仪不需要此步操作）。

（5）读数

眼睛通过目镜读取十字丝中丝水准尺上的读数，直接读米、分米、厘米，估读毫米共四位。

2. 怎样使用经纬仪进行工程测量？

答：经纬仪使用的步骤包括安置仪器、照准目标、读数等工作。

（1）经纬仪的安置

经纬仪的安置包括对中和整平两项工作。打开三脚架，调整好支架腿长度使高度适中，将其安置在测站上，使架头大致水平，架顶中心大致对准站点中心标记。取出经纬仪放置在经纬仪三脚架头上，旋紧连接螺旋。然后开始对中和调平工作。

1）对中

分为垂球对中和光学对中，光学对中的精度高，目前主要采用光学对中。分为粗对中和精对中两个步骤。

① 粗对中。目视光学对准器，调节光学对准器目镜使照准圈和测站点目标清晰。双手紧握并移动三脚架使照准圈对准站点中心并保持三脚架稳定，架头基本水平。

② 精对准。旋转脚架螺旋使照准圈对准测站点的中心，光学对中的误差应小于1mm。

2）整平

分为粗平和精平两个步骤。

① 粗平。伸长或缩短三脚架腿，使圆水准气泡居中。

② 精平。旋转照准部使照准部管水准器的位置与操作的两只螺旋平行，并旋转两只螺旋使水准管气泡居中；然后旋转照准部90°使水准管与开始操作的两只螺旋呈垂直关系，旋转另外一只螺旋使气泡居中。如此反复，直至照准部旋转到任何位置，气泡均居中为止。

在完成上述工作后，在此进行精对中、精平。目视光学对准器，如照准圈偏离测站点的中心侧移量较小，则旋松连接螺旋，在架顶上平移仪器，使照准圈对准测站点中心，旋紧连接螺旋。精平仪器，直至照准部旋转至任何位置，气泡居中为止；如偏移量过大则应重新对中、整平仪器。

（2）照准

首先调节目镜，使十字丝清晰，通过瞄准器瞄准目标，然后拧紧制动螺旋，调节螺旋使模板清楚并消除视差，利用微动螺旋精确照准目标的底部。

（3）读数

先打开度盘照明反光镜，调整反光镜，使读数窗亮度适中，旋转读数显微镜的目镜使度盘影像清楚，然后读数。DJ2级光学经纬仪读数方式为首先转动测微轮，使读数窗中的主、副像分划线清晰，然后在读数窗中读出数值。

3. 怎样使用全站仪进行工程测量？

答：用全站仪进行建筑工程测量的操作步骤包括测前的准备工作、安装仪器、开机、角度测量、距离测量和放样。

（1）测前的准备工作

安装电池，检查电池的容量，确定电池电量充足。

（2）安置仪器

全站仪安置步骤如下：

1）安放三脚架，调整长度至高度适中，固定全站仪到三脚架上，架设仪器使测点在视场内，完成仪器安置。

2）移动三脚架，使光学对点器中心与测点重合，完成粗对中工作。

3）调节三脚架，使圆水准气泡居中，完成粗平工作。

4）调节脚螺旋，使长水准气泡居中，完成精平工作。

5）移动基座，精确对中，完成精对中工作；重复以上步骤直至完全对中、整平。

（3）开机

按开机键开机。按提示转动仪器望远镜一周显示基本测量屏幕。确认棱镜常数值和大气改正值。

（4）角度测量

仪器瞄准角度起始方向的目标，按键选择显示角度菜单屏幕（按置零键可以将水平角读数设置为 $0°00'00''$）；精确照准目标方向仪器即显示两个方向间水平夹角和垂直角。

（5）距离测量

按键选择进入斜距测量模式界面；照准棱镜中心，按测距键两次即可得到测量结果。按 ESC 键，清空测距值。按切换键，可将结果切换为平距、高差显示模式。

（6）放样

选择坐标数据文件。可进行测站坐标数据及后视坐标数据的调用；置测站点；置后视点，确定方位角；输入或调用待放样点坐标，开始放样。

🏃 4. 怎样使用测距仪进行工程测量？

答：用测距仪可以完成距离、面积体积等测量工作。

（1）距离测量

1）单一距离测量。按测量键，启动激光光束，再次按测量键，在一秒钟内显示测量结果。

2）连续距离测量。按住测量键两秒，可以启动连续距离测量模式。在连续测量期间，每 8～15 秒次的测量结果更新显示在结果行中，再次按测量键终止。

（2）面积测量

按面积功能键，激光光束切换为开。将测距仪瞄准目标，按测量键，将测得并显示所量物体的宽度，再按测量键，将测得物体的长度，且立即计算出面积，并将结果显示在结果行中。计算面积按所需的两端距离，显示在中间的结构行中。

🏃 5. 高程测设要点各有哪些？

答：已知高程的测设，就是根据一个已知高程的水准点，将另一点的设计高程测设到实地上。高程测设要点如下。

1）假设 A 点为已知高程水准点，B 点的设计高程为 H_B。

2）将水准仪安置在 A、B 两点之间，现在 A 点立水准尺，读得读数为 a，由此可以测得仪器视线高程为 $H_i = H_A + a$。

3）B 点在水准尺的读数确定。要使 B 点的设计高程为 H_B，则在 B 点的水准尺上的读数为 $b = H_i - H_B$。

4）确定 B 点设计高程的位置。将水准尺紧靠 B 桩，在其上、下移动水准尺子，当中丝读数正好为 b 时，则 b 尺底部高程即为要测设的高程 H_B。然后在 B 桩时沿 B 尺底部做记号，即得设计高程的位置。

5）确定 B 点的设计高程。将水准尺立于 B 桩顶上，若水准

仪读数小于 b 时，逐渐将桩打入土中，使尺上读数逐渐增加到 b，这样 B 点桩顶的高程就是 H_B。

6. 已知水平距离的测设要点有哪些？

答：已知水平距离的测设，就是由地面已知点起，沿给定方向，测设出直线上另一点，使得两点的水平距离为设计的水平距离。

（1）钢尺测设法

以 A 点为地面上的已知点，D 为设计的水平距离，要在地面给定的方向测设出 B 点，使得 AB 两点的水平距离等于 D。

1）将钢尺的零点对准地面上的已知的 A 点，沿给定方向拉平钢尺，在尺上读数为 D 处插测钎或吊垂球，以定出一点。

2）校核。将钢尺的零端移动 $10\sim20cm$，同法再测定一点。当两点相对误差在允许范围（$1/3000\sim1/5000$）内时，取其中点作为 B 点的位置。

（2）全站仪（测距仪）测设水平距离

将全站仪（测距仪）安置于 A 点，瞄准已知方向，观测人员指挥施棱镜人员沿仪器所指方向移动棱镜位置，当显示的水平距离等于待测设的水平距离时，在地面上标定出过渡点 B'，然后实测 AB' 的水平距离，如果测得的水平距离和已知距离之差不符合精度要求，应进行改正，直到测设的距离符合限差要求为止。

7. 已知水平角测设的一般方法的要点有哪些？

答：设 AB 为地面上的已知方向，顺时针方向测设一个已知的水平角 β，定出 AB 的方向。具体做法是：

1）将经纬仪和全站仪安置在 A 点，用盘左瞄准 B 点，将水平盘设置为 $0°$，顺时针旋转照准部使读数为 β 值，在此视线上定出 C' 点。

2）然后用盘右位置按照上述步骤再测一次，定出 C" 点。

118

3）取 C′到 C″中点 C，则∠BAC 即为所需测设的水平角 β。

8. 怎样进行建筑物的定位和放线？

答：（1）建筑物的定位

建筑物的定位是根据设计图纸的规定，将建筑物的外轮廓墙的各轴线交点即角点测设到地面上，作为基础放线和细部放线的依据。常用的建筑物定位方法有以下几种。

1）根据控制点定位。如果建筑物附近有控制点可供利用，可根据控制点和建筑物定位点设计坐标，采取极坐标法、角度交会法或距离交会法将建筑物测设到地面上。其中极坐标法用得较多。

2）根据建筑基线和建筑方格网定位。建筑场地已有建筑基线或建筑方格网时，可根据建筑基线或建筑方格网和建筑物定位点设计坐标，用直角坐标等方法将建筑物测设到地面上。

3）根据与原有建（构）筑物或道路的关系定位。当新建建筑物与原有建筑物或道路的相互位置关系为已知时，则可以根据已知条件的不同采用不同的方法将新建的建筑物测设到地面上。

（2）建筑物的放线

建筑物放线是根据已定位的外墙轴线交点桩，详细测设各轴线交点的位置，并引测至适宜位置做好标记。然后据此用白灰撒出基坑（槽）开挖边界线。

1）测设细部轴线交点。根据建筑物定位所确定的纵向两个边缘的定位轴线，以及横向两个边缘定位轴线确定四个角点就是建筑物的定位点，这四个角点已在地面上测设完毕。现欲测设次要轴线与主轴线的交点。可利用经纬仪加钢尺或全站仪定位等方法依次定出各次要轴线与主轴线的角点位置，并打入木桩钉好小钉。

2）引测轴线。基坑（槽）开挖时，所有定位点桩都会被挖掉，为了使开挖后各阶段施工能恢复各轴线位置，需要把建筑物各轴线延长到开挖范围以外的安全地点，并做好标志，成引测轴线。

① 龙门板法。在一般民用建筑中常用此法。

A. 在建筑物四角和中间隔墙的两侧开挖边线约 2m 处，钉设木桩及龙门桩。龙门桩要铅直、牢固、桩的侧面应平行于基槽。

B. 根据水准控制点，用水准仪将±0.000（或某一固定标高值）标高测设在每个龙门桩外侧，并做好标志。

C. 沿龙门桩上±0.000（或某一固定标高值）标高线钉设水平的木板，即龙门板，应保证龙门板标高误差在规定范围内。

D. 用经纬仪或拉线方法将各轴线引测到龙门板顶面，并钉好小钉，即轴线钉。

E. 用钢厂沿龙门板顶面检查轴线钉的间距，误差应符合有关规范的要求。

② 轴线控制桩法。龙门板法占地大，使用材料较多，施工时易被破坏。目前工程中多采用轴线控制桩法。轴线控制桩一般设在轴线延长线上距开挖边线 4m 以外的地方，牢固地埋设在地下，也可把轴线投测到附近的建筑物上，做好标志，代替轴线控制桩。

9. 怎样进行基础施工测量？

答：基础施工测量包括开挖深度和垫层标高控制、垫层上基础中线的投测和基础墙标高的控制等内容。

（1）开挖深度和垫层标高控制

为了控制基槽的开挖深度，当快挖到槽底标高时，应用水准仪根据地面±0.000 控制点，在槽壁上测设一些小木桩（称为水平桩），使木桩的上表面离槽底的设计标高为一固定值（如0.500m），作为控制挖槽深度、槽底清理和基础垫层施工的依据。一般在基槽转角处均应设置水平桩，中间每隔 5m 设一个。

（2）垫层上基础中线的投测

基础垫层打好后，根据龙门板上的轴线钉或轴线控制桩，用经纬仪或拉线挂垂球的方法，把轴线投测到垫层上，并用墨线弹出基础周线和边线，并作为砌筑基础的依据。

（3）基础墙标高的控制

基础墙是指±0.000以下的墙体，它的标高一般是用基础皮数杆来控制的。在杆上按照设计尺寸将砖和灰缝的厚度，按皮数画出，杆上注记从±0.000向下增加，并标明防潮层和预留洞口的标高位置等。

10. 怎样进行墙体施工测量？

答：（1）首层楼层墙体的轴线测设

基础墙砌筑到防潮层以后，可以根据轴线控制桩或龙门板上轴线钉，用经纬仪或拉线，把首层楼房的轴线和边线测设到防潮层上，并弹出墨线，检查外墙轴线交角是否为90°。符合要求后，把墙轴线延伸到基础外墙侧面做出标志，作为向上投测轴线的依据。同时还应把门、窗和其他洞口的边线，在外墙侧面上做出标志。

（2）上层楼层墙体标高测设

墙体砌筑时，其标高用墙身皮数杆控制。在墙体皮数杆上根据设计尺寸，按砖和灰缝的厚度画线，并标明门、窗、过梁、楼板等的标高位置。杆上注记从±0.000向上增设。每层墙体砌筑到一定高度后，常在各层墙面上测出+0.5m的水平标高线，即常说的50线，作为室内施工及装修的标高依据。

（3）二层以上楼层轴线测设

在多层建筑墙身砌筑过程中，为了保证建筑物轴线准确，可用吊垂球和经纬仪将基础或首层墙面上的标志轴线投测到各施工楼层上。

①吊垂球的方法。将较重的垂球悬吊在楼板边缘，当垂球尖对准下面轴线标志时，垂球线在楼板边缘的位置，在此做出标志线。各轴线的标志线投测完毕后，检查各轴线间的距离，符合要求后，各轴线的标志线连接线即为楼层墙体轴线。

②经纬仪投测法。在轴线控制桩上安置经纬仪，对中整平

后，照准基础或首层墙面上的轴线标志，用盘左、盘右分中法，将轴线投测到楼层边缘，在此做出标注线。各轴线的标注线投测完毕后，检查各轴线间的间距，符合要求后，各轴线的标志线连接线即为楼层墙体轴线。

（4）二层以上楼层标高传递

可以采用皮数杆传递、钢尺直接丈量、悬吊钢尺等方法。

① 利用皮数杆传递。一层楼房砌筑完成后，当采用外墙皮数杆时，沿外墙接上皮数杆，即可以把标高传递到各楼层上去。

② 利用钢尺直接丈量。在标高精度要求较高时，可用钢尺从±0.000标高处向上直接丈量，把高程传递上来，然后设置楼层皮数杆，统一抄平后作为该楼层施工时控制标高的依据。

③ 悬吊钢尺法。在楼面上或楼梯间悬吊钢尺，钢尺下端悬挂一重锤，然后使用水准仪把高程传递上来。一般需要从三个标高点向上传递，最后用水准仪检查传递的高程点是否在同一水平面上，误差不超过±3mm。

11. 怎样进行柱子安装测量?

答：柱子安装测量包括以下内容：

（1）投测柱列轴线

在基础顶面用经纬仪根据柱列轴心控制桩，将柱列轴线投测到杯口顶面上，并弹出墨线，用红漆画出"▼"标志，作为安装柱子时确定轴线的依据。如果柱列轴线不通过柱子的中心线，应在杯型基础顶面加弹柱子中心线。同时用水准仪在杯口内壁测设一条－0.600的标高线，并画出"▼"标志，作为杯底找平的依据。

（2）柱身弹线

柱子安装前，先将柱子按轴线编号。并在每根柱子的三个侧面弹出柱中心线，并在每条线的上端和下端靠近杯口处画出"▼"标志。根据牛腿面的标高，从牛腿面向下用钢尺量出－0.600的标高线，并画出"▼"标志。

（3）杯底找平

首先量出柱子的-0.600标高线至柱子底面的长度，再量出相应的柱基杯口内-0.600标高线至杯底的尺寸，两个值之差即为杯底找平厚度，用水泥砂浆在杯底进行找平，使牛腿面符合设计标高的要求。

（4）柱子的安装测量

柱子安装测量的目的是保证柱子垂直度、平面位置和标高符合要求。柱子被吊入杯口后，应使柱子三面的中线与杯口中心线对齐，用木楔或钢楔临时固定。通过敲打楔子等方法调整好柱子平面位置符合要求。并用水准仪检测柱身已标定的轴线标高线。然后用两台经纬仪，分别安置在柱基纵、横轴线离柱子不小于柱高的1.5倍距离位置上，先照准柱子底部的中心线标志，固定照准部位后，再缓慢抬高望远镜，通过校正使柱身双向中心线与望远镜十字丝竖丝相重合，柱子垂直度校正完成，最后在杯口与柱子的缝隙中分两次浇筑混凝土，固定柱子。

12. 怎样进行吊车梁的安装测量？

答：吊车梁的安装测量主要是保证吊车梁平面位置和吊车梁的标高符合要求，具体步骤如下。

（1）安装前的准备工作

首先在吊车梁的顶面和两端面上用墨线弹出中心线。再根据厂房中心线，在牛腿面上弹测出吊车梁的中心线。同时根据柱子上的±0.000标高线，用钢尺沿柱侧面向上量出吊车梁顶面设计标高线，作为调整吊车梁顶面标高的依据。

（2）吊车梁的安装测量

安装时，使吊车梁两端的中心线与牛腿面上的梁中心线重合，吊车梁初步定位。然后可根据校正好的两端吊车梁为准，梁上拉钢丝作为校正中间各吊车梁的依据，使每个吊车梁中心线与钢丝重合。也可以采用平行线法对吊车梁的中心线进行校正。

当吊车梁就位后，还应根据柱上面定出的吊车梁标高线检查梁面的标高，不满足时可采用垫铁固定及抹灰调整。然后将水准仪安置在吊车梁时，检测梁面的标高是否符合要求。

13. 怎样进行屋架安装测量？

答：(1) 安装前的准备工作

屋架吊装前，在屋架两端弹出中心线，并用经纬仪在柱顶面上测设出屋架定位轴线。

(2) 屋架的安装测量

屋架吊装就位时，应使屋架的就位线与柱顶面的定位轴线对准，其误差符合要求。屋架的垂直度可用垂球或经纬仪进行检查。

在屋架上弦中部及两端安装三把卡尺，自屋架几何中心向外量出一定距离（一般为 500mm），做出标志。在地面上，距屋架中线相同距离处，安置经纬仪，通过观测三把卡尺的标志来校正屋架，最后将屋架用电焊固定。

14. 什么是建筑变形？建筑变形观测的任务、内容有哪些？

答：利用观测设备对建筑物在各种荷载和各种影响因素作用下产生的结构位置和总体形状的变化，所进行的长期测量工作称为建筑变形观测。建筑物变形观测的任务是周期性地对设置在建筑物上的观测点进行重复观测，求得观测点位置的变化量。变形观测的主要内容包括沉降观测、倾斜观测、位移观测、裂缝观测和挠度观测等。在建筑物变形观测中，进行最多的是沉降观测。

15. 沉降观测时水准点的设置和观测点的布设有哪些要求？

答：(1) 水准点的设置

水准点的设置应满足下列要求：

1) 水准点的数目不应少于 3 个，以便检查。

2) 水准点应该设置在沉降变形区以外，距沉降观测点不应大于 100m，观测方便且不受施工影响的地方。

3) 为防止冻结影响，水准点埋设深度至少要在冻结线以下 0.5m。

（2）观测点的布设

沉降观测点的布设应能全面反映建筑及地基变形特征，并顾及地质情况和建筑结构的特点，点位宜选在下列位置。

1）建筑物四角、核心筒四角、大转角处以及沿外墙每 10～20m 处或每隔 2～3 根柱基上；

2）新旧建筑物、高低层建筑物、纵横墙交接处的两侧；

3）裂缝、沉降缝、伸缩缝或后浇带两侧、基础埋深相差悬殊处、人工地基与天然地基接壤处、不同结构的分界处及填挖方分界处；

4）宽度大于等于15m 或小于15m 而地质复杂以及膨胀土地区的建筑物，应在承重内隔墙中部设内墙点，并在室内地面中心及四周设地面点；

5）临近堆置重物处、受振动有显著影响的部位及基础下的暗浜（沟）处；

6）框架结构建筑物的每个或部分柱基上或沿纵横轴线处设点；

7）筏板基础、箱形基础底部或接近基础的结构部分的四角处及中部位置；

8）重型设备基础和动力设备基础的四角处、基础形式改变处、埋深改变处以及地质条件变化处两侧；

9）电视塔、烟囱、水塔、油罐、炼油塔、高楼等高耸构筑物，沿周边与基础轴线相交的对称位置，不得少于 4 个点。

16. 沉降观测的周期怎样确定？

答：沉降观测周期和观测时间应根据工程性质、施工进度、地基地质情况及基础荷载的变化情况而定，应按下列要求并结合实际情况而定：

（1）普通建筑可在基础完工后或地下室砌完后开始检测，大型、高层建筑可在基础垫层或基础底部完成后开始观测。

（2）观测次数与观测时间应视地基和加荷情况而定。民用高层建筑可每加高 1～5 层观测一次，工业建筑可按回填基坑、安装柱子和屋架、砌筑墙体、设备安装等不同施工阶段分别进行观测。若建筑施工均匀增高，应至少在增加荷载 25%、50%、75%和 100%时各测一次。

（3）施工过程中若暂停施工，在停工时和重新开始时应各观测一次。停工期间可每隔 2～3 个月观测一次。

（4）在观测过程中，若有基础附近地面荷载突然增加、基础四周大量积水、长时间连续降雨等情况，均应及时增加观测次数。当建筑突然发生大量沉降、不均匀沉降或严重裂缝时，应立即进行逐日或 2～3d 一次的连续观测。

（5）建筑物使用阶段的观测次数，应视地面土类型和沉降速率大小而定。除有特殊要求外，可在第一年观测 3～4 次，第二年观测 2～3 次，第三年以后每年观测 1 次，直至稳定为止。

（6）按建筑沉降是否进入稳定阶段，应由沉降量时间关系曲线决定。当最后 100d 的沉降量在 0.01～0.04mm/d 时可认为已经进入稳定阶段。具体取值宜根据各地区地基土的压缩性能确定。

17. 建筑沉降观测的方法和观测的有关资料各有哪些？

答：（1）沉降观测的方法

建筑沉降观测的方法视沉降观测的精度而定，有一、二、三等水准测量、三角高程测量等方法，常用的水准测量方法。

（2）观测的有关资料

沉降观测的资料有：

1）沉降观测成果表；

2）沉降观测点位分布图及各周期沉降展开图；

3）荷载、时间、沉降量曲线图；

4）建筑物等沉降曲线图；

5）沉降观测分析报告。

18. 怎样进行倾斜观测？

答：倾斜观测通常包括一般建筑物倾斜观测和建筑物基础倾

斜观测。

（1）一般建筑物倾斜观测

将经纬仪安置在距建筑物约 1.5 倍建筑物高度处，瞄准建筑物某墙面上部的观测点 1（可预先编号并做标记），用盘左、盘右分中投点法向下定出新的一点 2（可预先编号或做标记）。相隔一段时间后，经纬仪瞄准上部的观测点，用盘左、盘右分中投点法，向下定出最新的一点 3，用钢尺量出下部点 2 和更新的下部点 3 之间的偏移值，同样方法可以得到垂直方向另一个观测点在另一方向的侧移值。根据两个方向的偏移值可以计算出该建筑物的总偏移值为相互垂直方向的偏移值各自平方之和再开方。根据总偏移值和建筑物总高度可以算出倾斜率为总偏移值与房屋总高之比。

（2）建筑物基础倾斜观测

建筑物基础倾斜观测一般采用精密水准测量的方法，定期测出基础两端点的沉降量差值，根据两点间的距离，可计算出倾斜度。对于整体刚性较好的建筑物的倾斜观测，也可采用基础沉降量差值推算主体侧移值。用精密水准测量测定建筑物两端点的沉降量差值，再根据建筑物的宽度和高度，推算出该建筑物主体的侧移值。

19. 怎样进行裂缝观测？

答：裂缝观测的步骤如下：

（1）石膏板标志法。用厚 10mm，宽 50～80mm 的石膏板，固定在裂缝的两侧，当裂缝继续发展时，石膏板也随之开裂，从而观察裂缝的大小及继续发展的情况。

（2）白钢板标志。用两块白钢板。一片为 150mm×150mm 的正方形，固定在裂缝的一侧。另一片为 50mm×200mm 的矩形，固定在裂缝的另一侧。在两块白钢板的表面，涂上红色油漆。如果裂缝继续发展，两块白钢板将逐渐被拉开，露出正方形上没有油漆的部分，其宽度即为裂缝增大的宽度，用尺子量出。

20. 怎样进行水平位移观测？

答：水平位移的观测方法如下：

（1）角度前方交会法。利用角度前方会交法，对观测点进行角度观测，计算观测点的坐标利用两点之间的坐标差值，计算该点的水平位移。

（2）基准线法。观测时先在位移方向的垂直方向上选取一条基准线，在其上取两个控制点 1、2，在另一端为观测点 3。只要定期测量观测点 3 与基准线 1、2 的角度变化值，即可测定水平位移量。在 1 点安装经纬仪，第一次观测水平角，第二次观测水平角，算出两次观测水平角值之差，则可计算出其位移量。

第四节 抽样统计分析的基本知识

1. 什么是总体、样本、统计量、抽样？

答：（1）总体

总体是工作对象的全体，如果要对某种规格的构件进行检测，则总体就是这批构件的全部。总体是由若干个个体组成的，因此，个体是组成总体元素。对待不同的检测对象，所采集的数据也各不相同，应当采集具有控制意义的质量数据。通常把从单个产品采集到的数据视为个体，而把该产品的全部质量数据的集合视为总体。

（2）样本

样本是由样品构成的，是从总体中抽取出来的个体。通过对样本的检测，可以对整批产品的性质作出推断性评价，由于存在随机性因素的影响，这种推断性评价往往会有一定的误差。为了把这种误差控制在允许的范围内，通常要设计出合理的抽样手段。

（3）统计量

统计量是根据具体的统计要求，结合对总体的统计期望进行的推断。由于工作对象的已知条件各有所不同，为了能够比较客观、广泛地解决实际问题，使统计结果更为可信，需要研究和设定一些常用的随机变量，这些统计量都是样本的函数，它们的概率密度的解析式比较复杂。

2. 工程验收抽样的方法有哪几种？

答：通常是利用数理统计的基本原理，在产品的生产过程中或一批产品中随机的抽取样本，并对抽取的样本进行检测和评价，从中获取样本的质量数据信息。以获取的信息为依据，通过统计的手段对总体的质量情况作出分析和判断。工程验收抽样的流程如下：

从生产过程（一批产品）中随机抽样→产生样本→检测、整理样本数据→对样本质量进行评价→经过推断、分析和评价产品或样本的总体质量。

3. 怎样进行质量检测试样取样？检测报告生效的条件是什么？检测结果有争议时怎样处理？

答：（1）质量检测试样取样

质量检查试样的取样应在建设单位或者工程监理单位监督下现场取样。提供质量检验试样的单位和个人，应当对试样的真实性负责。

1）见证人员。应由建设单位或者工程监理单位具备试验知识的工程技术人员担任，并应由建设单位或该工程的监理单位书面通知施工单位、检测单位和负责该工程的质量监督机构。

2）见证取样和送检。在施工过程中，见证人员应当按照见证取样和送检计划，对施工现场的取样和送检进行见证，取样人员应在试样或其包装上作出标识、标志。标识和标志要标明工程名称、取样部位、取样日期、取样名称和样品数量，并由见证人员和取样人员签字。见证人员应制作见证记录，并将见证记录归入施工技术档案。涉及结构安全的试块、试件和材料见证取样和送检比例不得低于有关技术标准中规定应取样数量的30%。

见证人员和取样人员应对试样代表性和真实性负责。见证取样的试件和材料送检时，应由送检单位填写委托书，委托单应由见证人员和送检人员签字。检测单位应检查委托单及试样上的标识和标志，确认无误后方可进行检测。

（2）检测报告生效

检测报告生效的条件是：检测报告经检测人员签字、检测机构法定代表人或者其授权的签字人签署，并加盖检测机构公章或检测专用章后方可生效。检测报告经建设单位或监理单位确认后，由施工单位归档。

（3）检测结果争议的处理

检测结果利害关系人对检测结果发生争议的，由双方共同认可的检测机构复检，复检结果由提出复检方报当代建设主管部门备案。

4. 常用的施工质量数据收集的基本方法有哪几种？

答：质量数据的收集方法主要有全数检验、和随机抽样检验两种方式，在工程中大多采用随机抽样的检验方法。

（1）全数检验

这是一种对总体中的全部个体进行逐个检测，并对所获取的数据进行统计和分析，进而获得质量评价结论的方法。全数检验的最大优势是质量数据全面、丰富、可以获取可靠的评价结论。但是在采集数据的过程中要消耗很多人力、物力和财力，需要的时间也较长。如果总体的数量较少，检测的项目比较重要，而且检测方法不会对产品造成破坏时，可以采取这种方法；反之，对总体数量较大，检测时间较长，或会对产品产生破坏作用时，就不宜采用这种评价方法。

（2）随机抽样检验

这是一种按照随机抽样的原则，从整体中抽取部分个体组成样本，并对其进行检测，根据检测的评价结果来推断总体质量状况的方法。随机抽样的方法具有省时、省力、省钱的优势，可以适应产品生产过程中及破坏性检测的要求，具有较好的可操作性。随机抽样的方法主要有以下几种：

1）完全随机抽样。这是一种简单的抽样方法，是对总体中的所有个体进行随机获取样本的方法。即不对总体进行任何加工，而对所有个体进行事先编号，然后采用客观形势（如抽签、摇号）确定中选的个体，并以其为样本进行检测。

2）等距随机抽样。这是一种机械、系统的抽样方法，是对总体中的所有个体按照某一规律进行系统排列、编号，然后均分为若干组，这时每组有 $K = N/n$ 个体，并在第一组抽取第一件样品，然后每隔一定间距抽取出其余样品最终组成样本的方法。

3）分层抽样。这是一种把总体按照研究目的的某些特性分组，然后在每一组中随机抽取样品组成样本的方法。由于分层抽样要求对每一组都要抽取样品，因此可以保证样品在总体分布中均匀，具有代表性，适合于总体比较复杂的情况。

4）整体抽样。这是一种把总体按照自然状态分为若干组群，并在其中抽取一定数量的试件成样品，然后进行检测的方法。这种办法样品相对集中，可能会存在分布不均匀，代表性差的问题，在实际操作时，需要注意生产周期的变化规律，避免样品抽取的误差。

5）多阶段抽样。这是一种把单阶段抽样（完全随机抽样、等距抽样、分层抽样、整群抽样的统称）综合运用的方法。适合在总体很大的情况下应用。通过在产品不同试车阶段多层随机抽样，多次评价得出数据，使评价的结果更为客观、准确。

5. 建筑装饰装修工程专项质量检测、见证取样检测内容有哪些？

答：建设装饰装修工程质量检测是工程质量检测机构接受委托，根据国家有关法律、法规和工程建设强制性标准，对涉及结构安全项目的抽样检测和对施工现场的建筑材料、构配件的见证取样检测。

（1）专项检测的业务内容

专项检测的业务内容包括：防火工程检测、节能工程现场检测、建筑幕墙工程检测等。

（2）见证取样检测的业务内容

见证取样检测的业务内容包括：主要装饰装修材料（木材、塑料、涂料、油漆等主要材料和辅料）；板材力学性能检验；主要防火材料、防火性能检验等。

6. 常用施工质量数据统计分析的基本方法有哪几种？

答：常用施工质量数据统计分析的基本方法有：排列图、因果分析图、直方图、控制图、散布图和分层法等。

（1）排列图

排列图又称为帕累托图，是用来寻找影响产品质量主要因素的一种方法。排列图的作图步骤如下：

1）收集一定时间内的质量数据。

2）按影响质量因素确定排列图的分类，一般可按不合格产品的项目、产品种类、作业班组、质量事故造成的经济损失来分。

3）统计各项目的数据、即频数、计算频率、累计频率。

4）画出左右两条纵坐标，确定两条纵坐标的适当刻度和比例。

5）根据各种影响因素发生的频数多少，从左向右排列在横坐标上；各种影响因素在横坐标上的宽度要相等。

6）根据纵坐标的刻度和各种影响因素的发生频数，画出相应的矩形图。

7）根据步骤3）中计算的累计频率按每个影响因素分别标注在相应的坐标点上，将各点连成曲线。

8）在图面的适当位置，标注排列图的标题。

（2）排列图的分析

排列图中矩形柱高度表示影响程度的大小。观察排列图寻找主次因素时，主要看矩形柱高矮这个因素。一般确定主次因素可利用帕累托曲线，将累计百分数分为三类：累计百分数为 0～80%的为 A 类，在此区域内的因素为主要影响因素，应重点加以解决；累计百分数为 80%～90%的为 B 类，在此区域内的因素为次要因素，可按常规进行管理；累计百分数为 90%～100%的为 C 类，在此区域的因素为一般因素。

（3）应用

图 2-2 是某项某一时间段内的无效工排列图，从图中可见：开会学习占 610 工时、停电占 354 工时、停水占 236 工时、气候影响占 204 工时、机械故障占 54 工时。前两项累计频率 61.0%，是无效工的主要原因；停水是次要因素，气候影响、机械故障是一般因素。

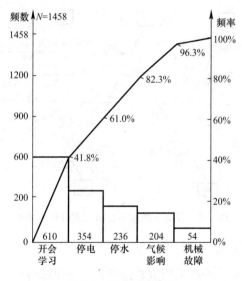

图 2-2　无效工排序图

（4）因果分析图

因果分析图是一种逐步深入研究和讨论质量问题的图示方法。

因果分析图由若干枝干组成，枝干分为大枝、中枝、小枝和细枝，它们分别代表大大小小不同的原因。

1）因果图的作图步骤

① 确定需要分析的质量特性（或结果），画出主干线，即从左向右的带箭头的线。

② 分析、确定影响质量特性的大枝（大原因）、中枝（中原因）、小枝（小原因）、细枝（更小原因），并顺序用箭头逐个标注在图上。

③ 逐步分析，找出关键性的原因并作出记号或用文字加以说明。

④ 制定对策、限期改正。

2）应用

混凝土强度不合格因素分析因果图如图 2-3 所示。

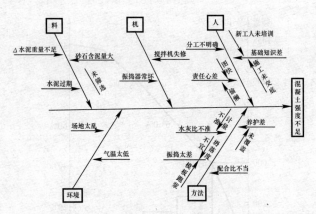

图 2-3　混凝土强度不合格因素分析因果图

（5）直方图

直方图是反映产品质量数据分布状态和波动规律的图表。

1）直方图的作图步骤

① 收集数据，一般数据的数量用 N 表示。

② 找出数据中的最大值和最小值。

③ 计算极差，即全部数据的最大值和最小值之差：

$$R = X_{\max} - X_{\min}$$

④ 确定组数 K。

⑤ 计算组距 h：

$$h = R/K$$

⑥ 确定分组组界

首先计算第一组的上、下界限值：第一组下界值＝$X_{\min}-h/2$，第一组上界值＝$X_{\min}+h/2$。然后计算其余各组的上、下界限值。第一组的上界限值就是第二组下界限值，第二组的下界限值加上组距就是第二组的上界限值，其余依次类推。

⑦ 整理数据，做出频数表，用 f_i 表示每组的频数。

⑧ 画直方图。直方图是一张坐标图，横坐标取分组的组界值，纵坐标取各组的频数。找出纵横坐标上点的分布情况，用直线连起来即成直方图。

2）示例

某工程的混凝土时间强度直方图，见图 2-4。

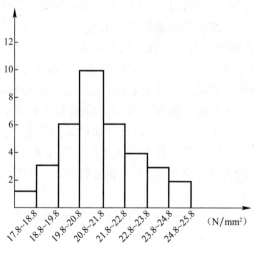

图 2-4 混凝土试件强度直方图

3）直方图图形分析

通过观察直方图的形状，可以判断生产的质量情况，从而采取必要的措施，预防不合格品的产生。

第三章 岗位知识

第一节 装饰装修管理规定和标准

1.《建筑装饰装修工程专业承包企业资质等级标准》中关于资质认定及承包工程范围的要求有哪些规定？

答：（1）资质认定

根据《建筑装饰装修工程专业承包企业资质等级标准》，建筑装饰装修工程专业承包企业资质分为一级、二级、三级。

一级资质标准：

1）企业近 5 年承担过 3 项以上单位工程造价 1000 万元以上或三星级以上宾馆大堂的装修装饰工程施工，工程质量合格。

2）企业经理具有 8 年以上从事工程管理工作经历或具有高级职称；总工程师具有 8 年以上从事建筑装修装饰施工技术管理工作经历并具有相关专业高级职称；总会计师具有中级以上会计职称。企业有职称的工程技术和经济管理人员不少于 40 人，其中工程技术人员不少于 30 人，且建筑学或环境艺术、结构、暖通、给水排水、电气等专业人员齐全；工程技术人员中，具有中级以上职称的人员不少于 10 人。企业具有的一级资质项目经理不少于 5 人。

3）企业注册资本金 1000 万元以上，企业净资产 1200 万元以上。

4）企业近 3 年最高年工程结算收入 3000 万元以上。

二级资质标准：

1）企业近 5 年承担过 2 项以上单位工程造价 500 万元以上的装修装饰工程，或 10 项以上单位工程造价 50 万元以上的装修装饰工程施工，工程质量合格。

2）企业经理具有 5 年以上从事工程管理工作经历或具有中级以上职称；技术负责人具有 5 年以上从事装修装饰施工技术管理工作经历并具有相关专业中级以上职称；财务负责人具有中级以上会计职称。企业有职称的工程技术和经济管理人员不少于 25 人，其中工程技术人员不少于 20 人，且建筑学或环境艺术、结构、暖通、给水排水、电气等专业人员齐全；工程技术人员中，具有中级以上职称的人员不少于 5 人。企业具有的二级资质以上项目经理不少于 5 人。

3）企业注册资本金 500 万元以上，企业净资产 600 万元以上。

4）企业近 3 年最高年工程结算收入 1000 万元以上。

三级资质标准：

1）企业近 3 年承担过 3 项以上单位工程造价 20 万元以上的装修装饰工程，工程质量合格。

2）企业经理具有 3 年以上从事工程管理工作经历；技术负责人具有 5 年以上从事装修装饰施工技术管理工作经历并具有相关专业中级以上职称；财务负责人具有初、中级以上会计职称。企业有职称的工程技术和经济管理人员不少于 15 人，其中工程技术人员不少于 10 人，且建筑学或环境艺术、结构、暖通、给水排水、电气等专业人员齐全；工程技术人员中，具有中级以上职称的人员不少于 2 人。企业具有的三级资质以上项目经理不少于 2 人。

3）企业注册资本金 50 万元以上，企业净资产 60 万元以上。

4）企业近 3 年最高年工程结算收入 100 万元以上。

（2）承包范围

一级企业可承担各类室内、外装饰装修工程（建筑幕墙工程除外）的施工。二级企业可承担单位工程造价 1200 万元及以下建筑室内、外装饰装修工程（建筑幕墙工程除外）的施工。三级企业可承担单位工程造价 60 万元及以下建筑室内、外装饰装修工程（建筑幕墙工程除外）的施工。承担住宅室内装饰装修工程的装饰装修施工企业，必须经建设行政主管部门资质审查，取得相应的建筑业企业资格证书，并在其资质等级许可的范围内承揽工程。

2. 什么是建筑主体？什么是承重结构？住宅装修活动中禁止哪些行为？

答：（1）建筑主体

建筑主体是指建筑实体的结构构造，包括屋盖、楼盖、梁、柱、支撑、墙体、连接接点和基础等。

（2）承重结构

承重结构是指直接将本身自重与各种外加作用力系统地传递给基础和地基的主要结构构件和其连接接点，包括承重墙、立杆、柱、框架柱、支墩、楼板、梁、屋架、悬索等。

（3）住宅装修活动中禁止的行为

1）未经原设计单位或者具有相应资质的设计单位提出设计方案，变动建筑主体和垂直结构；

2）将没有防水要求的房间或阳台改为卫生间、厨房间；

3）扩大承重墙上原有的门窗洞尺寸、拆除连接阳台的砖、混凝土墙体；

4）损坏房屋原有的节能设施，降低节能效果；

5）其他影响建筑结构和使用安全的行为。

3. 施工作业人员安全生产的权利和义务各有哪些？

答：《中华人民共和国安全生产法》对建设工程项目施工从业人员的权利和义务作出了明确的规定。

（1）从业人员的权利

从业人员处在施工第一线，直接面对许多危险因素和危及生命健康安全因素，为了使从业人员的人身安全得到切实保护，法律赋予从业人员以自我保护的权利。

1）签订合法劳务合同权

通过与施工承包企业签订合法有效的劳务合同，对保障从业人员劳动安全、防止专业危害的事项明确约定，依法为从业人员办理工伤和社会保险，确保施工企业与从业人员双方合法的权利和义务。

2）知情权

从业人员有权了解施工现场和工作岗位的危险因素、防范措施及事故应急措施，施工承包单位应主动告知有关实情。

3）建议、批评、检举、控告权

从业人员有权参与安全生产方面的民主管理和民主监督。对本单位的安全生产工作提出意见和建议，对其中存在的问题提出批评、检举和控告。生产经营单位不得降低从业人员的工资和福利待遇，不得解除与从业人员签订的劳务合同。

4）对违章指挥、强令冒险作业的拒绝权

对施工承包企业负责人、生产管理人员和工程技术人员违反规章制度，不顾从业人员的生命安全与健康，指挥从业人员进行生产活动的行为，以及存在有危及人身安全的危险因素而又无相应安全措施的情况下，强迫命令从业人员冒险进行作业的行为，从业人员有权拒绝违章指挥和强令冒险作业。

5）在有安全危险时有停止作业紧急撤离的权利

从业人员发现直接危及人身安全的紧急情况时，有权停止作业或采取可能的应急措施后撤离现场。

以上3）～5）项，生产经营单位不得降低从业人员的工资和福利待遇，不得解除与从业人员签订的劳务合同。

6）依法获得赔偿权

因生产事故受到损害的从业人员，除依法享有工伤保险外，依照有关民事法律的规定还有获得赔偿的权利，有权向与自己确定劳务合同的施工承包企业提出赔偿要求，施工承包单位应依法予以赔偿。

（2）从业人员的义务

1）遵章守规的义务

从业人员在作业过程中，应当严格遵守施工企业安全生产规章制度和操作规程，服从管理，正确佩戴和使用劳动防护用品。

2）掌握安全知识、技能的义务

从业人员应当接受安全生产教育和培训，掌握本职工作所需的安全生产知识，提高安全生产技能，增强事故预防和应急处理能力。

3）安全隐患及时报告的义务

从业人员发现事故隐患或其他不安全因素，应当立即向现场安全生产管理人员或施工企业技术负责人报告；接到报告的人员应当及时处理。

4. 安全技术措施、专项施工方案和安全技术交底有哪些规定？

答：安全技术措施、专项施工方案和安全技术交底工作，《建设工程安全生产管理条例》规定如下。

（1）施工企业必须编制安全生产技术措施及专项施工方案

施工单位应当在施工组织设计中编制安全技术措施及施工现场临时用电方案，对达到一定规模的危险性较大的分部分项工程，如基坑支护与降水工程、土方开挖工程、模板工程、起重吊装工程、脚手架工程、拆除工程、爆破工程等，必须编制专项施工方案，并附具安全验算结果，经施工单位技术负责人，总监理工程师签字后实施，由专职安全生产管理人员进行现场监督。

（2）施工企业必须进行安全技术交底

建设工程施工前，施工单位负责项目管理的施工员应当对有关安全施工的技术要求向施工作业班组、作业人员作出说明，并由双方签字。施工单位有必要对工程的概况、危险部位和施工技术要求、作业安全注意事项向作业人员作出详细说明，以保证施工质量和安全生产。

5. 危险性较大的分部分项工程的范围是什么?

答：危险性较大的分部分项工程是指建筑工程在施工过程中存在的、可能导致作业人员群死群伤或造成重大不良社会影响的分部分项工程，具体包括以下内容：

1）基坑支护

开挖深度超过 3m（含 3m）或虽未超过 3m 但地质条件和周边环境复杂的基坑（槽）支护、降水工程。

2）土方开挖工程

开挖深度超过 3m（含 3m）的基坑（槽）的土方开挖工程。

3）模板工程及支撑体系

① 各类工具式模板工程：包括大模板、滑模、爬模、飞模等工程。

② 混凝土模板支撑工程：搭设高度 5m 及以上；搭设跨度 10m 及以上；施工总荷载 10kN/m² 及以上；集中线荷载 15kN/m² 及以上；高度大于支撑水平投影宽度且对独立无联系构件的混凝土模板支撑工程。

③ 承重支撑体系：用于钢结构安装等满堂支撑体系。

4）起重吊装及安装拆卸工程

采用非常规起重设备、方法，且单机起吊重量在 10kN 及以上的起重吊装工程；采用起重机械进行安装的工程；起重机械设备自身的安装、拆卸。

5）脚手架工程

搭设高度在 24m 及以上的落地式钢管脚手架工程；附着式整体和分片提升脚手架工程；悬挂式脚手架工程；吊篮式脚手架工程；自制卸料平台、移动操作平台工程；新型及异型脚手架工程。

6）拆除、爆破工程

建筑物、构筑物拆除工程，采用爆破拆除的工程。

7）其他

建筑幕墙安装工程；钢结构、网架和索膜结构工程；人工挖扩孔桩工程；地下暗挖、顶管及水下作业工程；预应力工程；采用新技术、新工艺、新材料、新设备及尚无相关技术标准的危险性较大的分部分项工程。

6. 超过一定规模的危险性较大的分部分项工程的范围是什么？

答：1）深基坑支护

开挖深度超过 5m（含 5m）基坑（槽）的土方开挖、支护、降水工程；开挖深度未超过 5m，但地质条件、周边环境和地下管线复杂，或影响毗邻建筑（构筑）物安全的基坑（槽）土方开挖、支护、降水工程。

2）模板工程及支撑体系

各类工具式模板工程：包括大模板、滑模、爬模、飞模等工程。

混凝土模板支撑工程：搭设高度 8m 及以上；搭设跨度 18m 及以上；施工总荷载 $15kN/m^2$ 及以上；集中线荷载 $20kN/m^2$ 及以上。

承重支撑体系：用于钢结构安装等满堂支撑体系，承受单点集中荷载 700kg 以上。

3）起重吊装及安装拆卸工程

采用非常规起重设备、方法，且单机起吊重量在 100kN 及以上的起重吊装工程；起重量 300kN 及以上的起重设备安装工程；高度 200m 及以上内爬起重设备的拆除工程。

4）脚手架工程

搭设高度在 50m 及以上的落地式钢管脚手架工程；提升高度 150m 及以上附着式整体和分片提升脚手架工程；架体高度 20m 及以上悬挂式脚手架工程。

5）拆除、爆破工程

采用爆破拆除的工程；码头、桥梁、高架、烟囱、水塔或拆除中容易引起有毒有害气（液）体或粉尘扩散、易燃、易爆事故发生的建、构筑物的拆除工程；文物保护建筑、优秀历史建筑或历史文化风貌区控制范围的拆除工程。

6）其他

施工高度50m及以上的建筑幕墙安装工程；跨度大于36m及以上的钢结构安装工程；跨度大于60m及以上网架和索膜结构工程；开挖深度超过16m的人工挖孔桩工程；地下暗挖、顶管及水下作用工程；预应力工程；采用新技术、新工艺、新材料、新设备及尚无相关技术标准的危险性较大的分部分项工程。

7. 危险性较大的分部工程专项施工方案包括哪些内容？怎样实施专项方案？

答：（1）危险性较大的分部工程专项施工方案的内容

危险性较大的分部工程专项施工方案是指施工单位在编制施工组织设计的基础上，针对危险性较大的分部工程单独编制的安全技术措施文件。专项施工方案编制应当包括以下内容：工程概况、编制依据、施工计划、施工工艺技术、施工安全保证措施、劳动力计划、计算书及相关图纸等。

（2）危险性较大的分部工程专项施工方案的实施

施工单位应当根据论证报告修改完善专项方案，并经施工单位技术负责人、项目总监理工程师、建设单位项目负责人签字后，方可组织实施。实行施工总承包的，应当由施工总承包单位、相关专业承包单位技术负责人签字。

施工单位应当严格按照专项方案组织施工，不得擅自修改、调整专项方案。如因设计、结构、外部环境等因素变化确需修改的，修改后的专项方案应当重新进行审查。对于超过一定规模的危险性较大工程的专项方案，施工单位应当组织专家进行论证。

专项方案实施前，编制人员或项目技术负责人应当向现场管理人员和作业人员进行安全技术交底。施工单位应当指定专人对专项方案的实施情况进行现场监督和按规定进行监测。发现不按专项施工方案施工的，应当要求其立即整改；发现有危及人身安全紧急情况的，应当立即组织作业人员撤离危险区域。施工单位技术负责人应当定期巡查专项方案的实施情况。

8. 实施工程建设强制性标准监督的内容、方式、违规处罚的规定各有哪些？

答：（1）强制性标准监督的内容

1）新技术、新工艺、新材料以及国际标准的监督管理工作

工程建设中拟采用的新技术、新工艺、新材料，不符合强制性标准规定的，应当由拟采用单位提请建设单位组织专题论证，报批建设行政主管部门或者国务院有关主管部门审定。

工程建设中采用国际标准或者外国标准，现行强制性标准未作规定的，建设单位应当向国务院建设行政主管或者国务院有关行政主管部门备案。

2）强制性标准监督检查的内容

① 有关工程技术人员是否熟悉、掌握强制性标准；

② 工程项目的规划、勘察、设计、施工、验收等是否符合强制性标准的规定；

③ 工程项目采用的材料、设备是否符合强制性标准的规定；

④ 工程项目的安全、质量是否符合强制性标准的规定；

⑤ 工程中采用的导则、指南、手册、计算机软件的内容是否符合强制性标准的规定；

（2）工程建设强制性标准监督方式

工程建设标准批准部门应当对工程项目执行强制性标准的情况进行监督检查。监督检查可以采用重点检查、抽查和专项检查的方式。

9. 房屋建筑工程质量保修范围、保修期限和违规处罚内容有哪些？

答：（1）房屋建筑工程质量保修范围

《中华人民共和国建筑法》第 62 条规定的建设工程质量保修

范围包括：地基基础工程、主体结构工程、屋面防水工程、其他土建工程，以及配套的电气管线、上下水管线的安装工程；供热供冷系统工程等项目。

（2）房屋建筑工程质量保修期

在正常使用条件下，房屋建筑最低质量保修期限为：

1）地基基础工程和主体结构工程，为设计文件规定的该工程的合理使用年限；

2）屋面防水工程、有防水要求的卫生间、房间和外墙面的防渗漏，为 5 年。

3）供热与供冷系统工程，为两个供暖、供冷期。

4）电气管线、给水排水管道、设备安装工程为 2 年。

5）装修工程为 2 年。

其他项目的保修期限由建设单位和施工单位约定。房屋建设保修期从工程竣工验收合格之日起计算。

10. 工程质量监督实施的主体有哪些规定？建筑工程质量监督内容有哪些？

答：（1）工程质量进度的主体

国务院建设和住房建设主管部门负责全国房屋建筑和市政基础设施工程质量监督管理工作。

县级以上地方人民政府建设主管部门负责本行政区域内工程质量监督工作。

工程质量监督管理的具体工作可以由县级以上地方人民政府建设主管部门委托所属的工程质量监督机构实施。

（2）工程质量监督的内容

1）执行工程建设法律法规和工程建设强制性标准的情况；

2）抽查涉及工程主体结构安全和主要使用功能的工程实体质量；

3）抽查工程质量责任主体和质量检测等单位的工程质量行为；

4）抽查主要建筑材料、建筑构配件的质量；

5）对工程竣工验收进行监督；

6）组织或参与工程质量施工的调查处理；

7）定期对本地区工程质量状况进行统计分析；

8）依法对违法违规行为实施处罚。

11. 工程项目竣工验收的范围、条件和依据各有哪些？

答：（1）验收的范围

根据国家建设法律、法规的规定，凡新建、扩建、改建的基本基本建设项目和技术改造项目，按批准的设计文件所规定的内容建成，符合验收标准，都应及时验收办理固定资产移交手续。项目工程验收的标准为：工业项目经投料试车（带负荷运转）合格，形成生产能力的，非工业项目符合设计要求，能够正常使用的。对于某些特殊情况，工程施工虽未全部按设计要求完成，也应进行验收，这些特殊情况是指以下几种。

1）因少数非主要设备或某些特殊材料短期内不能解决，虽然工程内容尚未全部完成，但已可以投产或使用的工程项目。

2）按规定的内容已建成，但因外部条件的制约。如流动资金不足，生产所需原材料不足等，而使已建工程不能投入使用的项目。

3）有些建设项目或单项工程，已形成生产能力或实际上生产单位已经使用，但近期内不能按原设计规模续建，应从实际情况出发经主管部门批准后，可缩小规模对已完成的工程和设备组织竣工验收，移交固定资产。

（2）竣工验收的条件

建设项目必须达到以下基本条件，才能组织竣工验收：

1）建设项目按照工程合同规定和设计图纸要求已全部施工完毕，达到国家规定的质量标准，能够满足生产和使用要求。

2）交工工程达到窗明地净，水通灯亮及供暖通风设备正常运转。

3）主要工艺设备已安装配套，经联动负荷试车合格，构成生产线，形成生产能力，能够生产出设计文件规定的产品。

4）职工公寓和其他必要的生活福利设施，能适应初期的需要。

5）生产准备工作能适应投产初期的需要。

6）建筑物周围 2m 以内场地清理完毕。

7）竣工结算已完成。

8）技术档案资料齐全，符合交工要求。

（3）竣工验收的依据

1）上级主管部门对该项目批准的文件。包括可行性研究报告、初步设计、以及与项目建设有关的各种文件。

2）工程设计文件。包括图纸设计及说明、设备技术说明书等。

3）国家颁布的各种标准和规范。包括现行的《工程施工及验收规范》、《工程质量检验评定标准》等。

4）合同文件。包括施工承包的工作内容和应达到的标准，以及施工过程中的设计修改变更通知书等。

12. 建筑工程质量验收划分的要求是什么？

答：《建筑工程施工质量验收统一标准》GB/T 50300—2013中规定：建筑工程质量验收应划分为单位（子单位）工程、分部（子分部）工程、分项工程和检验批。

（1）单位工程划分的原则

1）具有独立施工条件并能形成独立使用功能的建筑物及构筑物为一单位工程。

2）建筑规模较大的单位工程，可将其能形成独立使用功能的部分为一个单位工程。

（2）分部工程划分的原则

1）分部工程的划分应当按专业性质、建筑部位确定。

2）当分部工程较大或较复杂时，可按材料种类、施工特点、施工程序、专业系统及类别等划分为若干个分部工程。

3）分部工程应按主要工种、材料、施工工艺、设备类别等进行划分。

4）分项工程可由一个或若各个检验批组成，检验批可以根据施工质量控制和专业验收需要按楼层、施工段、变形缝等进行划分。

5）室外工程可根据专业类别和工程规模划分单位（子单位）工程。

13. 怎样判定建筑工程质量验收是否合格？

答：（1）检验批质量验收合格的规定

1）主控项目和一般项目的质量经抽样检验合格。

2）具有完整的施工操作依据、质量检查记录。

（2）分项工程质量验收合格的规定

1）分项工程所含的检验批均符合合格质量的规定。

2）分项工程所含的检验批的质量验收记录应完整。

（3）分部（子分部）工程验收质量合格的规定

1）分部（子分部）工程所含工程的质量均验收合格。

2）质量控制资料完整。

3）地基与基础、主体结构和设备安装等分部工程有关安全及功能的检验和抽样检测结构应符合有关规定。

4）观感质量验收应符合要求。

（4）单位（子单位）工程质量验收合格的规定

1）单位（子单位）工程所含分部（子分部）工程的质量均验收合格。

2）质量控制资料完整。

3）单位（子单位）工程所含分部（子分部）工程有关安全和功能的检测资料完整。

4）主要功能项目的抽查结果应符合相关专业质量验收的规定。

5）观感质量验收应符合要求。

14. 怎样对工程质量不符合要求的部分进行处理？

答：（1）经返工重做更换器具、设备的检验批，应重新进行验收。

（2）经有资质的检测单位检测鉴定能够达到设计要求的检验批，应予验收。

（3）经有资质的检测单位检测鉴定能够达不到设计要求，当经原设计单位核算认可能够满足结构安全和使用功能的检验批，可予以验收。

（4）经返修或加固处理的分项、分部工程，虽然改变外形尺寸但仍能满足安全使用要求，可按技术处理方案和协商文件进行验收。

通过返修加固处理仍不能满足安全使用功能要求的分部工程、单位（子单位）工程，严禁验收。

15. 质量验收的程序和组织包括哪些内容？

答：（1）检验批及分项工程应由监理工程师（建设单位项目技术负责人）组织施工单位项目专业质量（技术）负责人等进行验收。

（2）分部工程应由总监理工程师（建设单位负责人）组织施工单位项目负责人和技术、质量负责人等进行验收；地基基础、主体结构分部工程的勘察、设计单位的项目负责人和施工单位技术、质量部门负责人也应参加相关分部工程验收。

（3）单位工程完工后，施工单位应组织应组织有关技术人员进行检查评定，并向建设单位提交工程质量报告。

（4）建设单位收到工程报告后，应由建设单位（项目）负责人组织施工（含分包单位）、设计、监理等部门（项目）负责人进行单位（子单位）工程验收。

（5）单位工程有分包单位施工时，分包单位对承包的工程项目应按《建筑工程施工质量验收统一标准》GB/T 50300 规定的程序检查评定，总包单位应派人参加。分包工程完成后，应将工程有关资料交总包单位。

（6）当参加验收各方对工程质量验收意见不一致时，可请当地建设行政主管部门或工程质量监督机构协调处理。

（7）单位工程质量验收合格后，建设单位在规定的时间内将工程竣工报告和有关文件，报送建设行政主管部门备案。

16. 住宅装饰装修工程施工规范有哪些要求？

答：住宅装饰装修工程施工规范的有关要求如下：

（1）施工前应进行设计交底工作，并应对施工现场进行核查，了解物业管理的有关规定。

（2）各工序、各分项工程应自检、互检及交接检。

（3）施工中，严禁损坏房屋原有绝热设施；严禁损坏受力钢筋；严禁超荷载集中堆放物品；严禁在预制混凝土空心楼板上打孔安装埋件。

（4）施工中，严禁擅自改动建筑主体、承重结构或改变房间主要使用功能；严禁擅自拆改燃气、暖气、通信等配套设施。

（5）管道、设备工程的安装及调试应在装饰装修工程施工前完成，必须同步进行的应在饰面层施工前完成。装饰装修工程不得影响管道、设备的使用和维修。涉及燃气管道的装饰装修工程必须符合有关安全管理的规定。

（6）施工人员应遵守有关施工安全、劳动保护、防火、防毒的法律，法规。

（7）施工现场用电应符合下列规定：

① 施工现场用电应从户表以后设立临时施工用电系统。

② 安装、维修或拆除临时施工用电系统，应由电工完成。

③ 临时施工供电开关箱中应装设漏电保护器。进入开关箱的电源线不得用插销连接。

④ 最先进用电线路应避开易燃、易爆物品堆放地。

⑤ 暂停施工时应切断电源。

（8）施工现场用水应符合下列规定：

① 不得在未做防水的地面蓄水。

② 临时用水管不得有破损、滴漏。

③ 暂停施工时应切断水源。

（9）文明施工和现场环境应符合下列要求：

① 施工人员应衣着整齐。

② 施工人员应服从物业管理或治安保卫人员的监督、管理。

③ 应控制粉尘、污染物、噪声、振动等对相邻居民、居民区和城市环境的污染及危害。

④ 施工堆料不得占用楼道内的公共空间，封堵紧急出口。

⑤ 室外堆料应遵守物业管理规定，避开公共通道、绿化地、化粪池等市政公用设施。

⑥ 工程垃圾宜密封包装，并放在指定垃圾堆放地。

⑦ 不得堵塞、破坏上下水管道、垃圾道等公共设施，不得损坏楼内各种公共标识。

⑧ 工程验收前应将施工现场清理干净。

17. 材料进场检验及验收有哪些规定？

答：材料进场检验及验收的规定如下：

（1）各种原材料、半成品材料进场，必须经过检查验收。首先点清数量，核对规格型号，视外观合格后方可卸车。其次卸车后，立即取样作试验，合格后才准使用，否则不准使用。

（2）对水泥的验收，每进一批都必须按规定要求抽样做试验；钢材也必须是每进一批都要及时抽检试验。

（3）水泥堆放必须入库，库房四周应排水通畅。严禁露天堆放。库房要设两道门，有进有出。本着先进先出的原则。入库水泥不得超过一个月，以免降低水泥强度，影响工程质量。水泥码高不得超过 15 袋。

（4）钢材必须存入料棚，四周排水沟通畅。做到上苫下垫，严禁露天存放，以减少锈蚀造成的损失。各种规格型号由小到大，排成一条线，堆放整齐，严禁规格型号混淆不清堆放。

18. 民用建筑工程室内环境污染控制要求有哪些规定？

答：民用建筑工程室内环境污染控制规范的有关要求

（1）采取防氡设计措施的民用建筑工程，其地下工程的变形缝、施工缝、穿墙管（盒入埋设件）、预留孔洞等特殊部位的施工工艺，应符合现行国家标准《地下工程防水技术规范》GB 50108 的有关规定。

（2）I 类民用建筑工程当采用异地土作为回填土时，该回填土应进行镭-226、钍-32、钾-40 的比活度测定。当内照射指数（TR_a）不大于 1.0 和外照射指数（T_r）不大于 1.3 时，方可使用。

（3）民用建筑工程室内装修所采用的稀释剂和溶剂，严禁使用苯、工业苯、石油苯、重质苯及混苯。

（4）民用建筑工程室内装修施工时，不应使用苯、甲苯、二甲苯和汽油进行除油和清除旧油漆作业。

（5）涂料、胶粘剂、水性处理剂、稀释剂和溶剂等使用后，应及时封闭存放，废料应及时清出室内。

（6）严禁在民用建筑工程室内用有机溶剂清洗施工用具。

（7）供暖地区的民用建筑工程，室内装修施工不宜在供暖期内进行。

（8）民用建筑工程室内装修中，进行饰面人造木板拼接施工时，除芯板为 EI 类外，应对其断面及无饰面部位进行密封处理。

19. 《建筑装饰装修工程质量验收规范》中对施工质量的要求有哪些内容？

答：《建筑装饰装修工程质量验收规范》GB 50210—2001 中对施工质量的要求包括：

（1）承担建筑装饰装修工程施工的单位应具备相应的资质，

并应建立质量管理体系。施工单位应编制施工组织设计并应经过审查批准。施工单位应按有关的施工工艺标准或经审定的施工技术方案施工，并应对施工全过程实行质量控制。

（2）承担建筑装饰装修工程施工的人员应有相应岗位的资格证书。

（3）建筑装饰装修工程的施工质量应符合设计要求和本规范的规定，由于违反设计文件和本规范的规定施工造成的质量问题应由施工单位负责。

（4）建筑装饰装修工程施工中，严禁违反设计文件擅自改动建筑主体、承重结构或主要使用功能；严禁未经设计确认和有关部门批准擅自拆改水、暖、电、燃气、通信等配套设施。

（5）施工单位应遵守有关环境保护的法律法规，并应采取有效措施控制现场的各种粉尘、废气、废弃物、噪声、振动等对周围环境造成的污染和危害。

（6）施工单位应遵守有关施工安全、劳动保护、防火和防毒的法律法规，应建立相应的管理制度，并应配备必要的设备、器具和标识。

（7）建筑装饰装修工程应在基体或基层的质量验收合格后施工。对既有建筑进行装饰装修前，应对基层进行处理并达到本规范的要求。

（8）建筑装饰装修工程施工前应有主要材料的样板或做样板间（件），并应经有关各方确认。

（9）墙面采用保温材料的建筑装饰装修工程，所用保温材料的类型、品种、规格及施工工艺应符合设计的要求。

（10）管道、设备等的安装及调试应在建筑装饰装修工程施工前完成，当必须同步进行时，应在饰面层施工前完成。装饰装修工程不得影响管道、设备等的使用和维修。涉及燃气管道的建筑装饰装修工程必须符合有关安全管理的规定。

（11）建筑装饰装修工程的电器安装应符合设计要求和国家现行标准的规定。严禁不经穿管直接埋设电线。

（12）室内外装饰装修工程施工的环境条件应满足施工工艺的要求。施工环境温度不应低于5℃。当必须在低于5℃。气温下施工时，应采取保证工程质量的有效措施。

（13）建筑装饰装修工程施工过程中应做好半成品、成品的保护，防止污染和损坏。

（14）建筑装饰装修工程验收前应将施工现场清理干净。

20. 房屋内部建筑地面工程质量验收的要求有哪些规定？

答：《建筑地面工程施工质量验收规范》GB 50209—2010 的有关要求如下：

（1）建筑地面工程采用的材料或产品应符合设计要求和国家现行有关标准的规定。无国家现行标准的，应具有省级住房和城乡建设行政主管部门的技术认可文件。材料或产品进场时还应符合下列规定：

1）应有质量合格证明文件。

2）应对型号、规格、外观等进行验收，对重要材料或产品应抽样进行复验。

（2）厕浴间和有防滑要求的建筑地面应符合设计防滑要求。

（3）厕浴间、厨房和有排水（或其他液体）要求的建筑地面面层与相连接各类面层的标高差应符合设计要求。

（4）有防水要求的建筑地面工程，铺设前必须对立管、套管和地漏与楼板节点之间进行密封处理，并应进行隐蔽验收；排水坡度应符合设计要求。

（5）厕浴间和有防水要求的建筑地面必须设置防水隔离层。楼层结构必须采用现浇混凝土或整块预制混凝土板，混凝土强度等级不应小于C20；房间的楼板四周除门洞外应做混凝土翻边，高度不应小于200mm，宽同墙厚，混凝土强度等级不应小于C20。施工时结构层标高和预留孔洞位置应准确，严禁乱凿洞。

（6）防水隔离层严禁渗漏，排水的坡向应正确、排水通畅。

（7）不发火（防爆）面层中碎石的不发火性必须合格；砂应

质地坚硬、表面粗糙，其粒径宜为 0.15～5mm，含泥量不应大于 3%，有机物含量不应大于 0.5%；水泥应采用硅酸盐水泥、普通硅酸盐水泥；面层分格的嵌条应采用不发生火花的材料配制。配制时应随时检查，不得混入金属或其他发生火花的杂质。

21. 建筑节能工程施工质量验收的一般要求是什么？

答：建筑节能工程施工质量验收的一般要求有：

（1）承担建筑节能工程施工企业应具备相应的资质，施工现场应建立有效的质量管理体系、施工质量控制和检验制度，具有相应的施工技术标准。

（2）建筑节能工程采用的新技术、新设备、新材料、新工艺，应按照有关规定进行评审、鉴定及备案。施工前对新的或首次采用的施工工艺进行评价，并制定专门的施工技术方案。

（3）单位工程的施工组织设计应包括建筑节能工程施工内容。

（4）建筑节能工程使用的材料、设备等，必须符合施工图设计要求及国家有关标准的规定。严禁使用国家命令禁止使用与淘汰的材料和设备。

（5）建筑节能工程施工应当按照经审核合格的设计文件和经审批的建筑节能工程施工技术方案的要求施工。

22. 建筑墙体节能工程施工质量验收的要求是什么？

答：建筑墙体节能工程施工质量验收的要求包括：

（1）主体结构完成后进行施工的墙体节能工程，应在基层质量验收合格后施工，施工过程中应及时进行质量检查、隐蔽工程验收和检验批验收，施工完成后应进行墙体节能分项工程验收。与主体结构同时施工的墙体节能工程，应与主体结构一同验收。

（2）墙体节能工程采用外保温定型产品、成套技术或产品时，其型式检验报告中应包括安全性和耐候性检验。

（3）墙体节能工程应对下列部位或内容进行隐蔽工程验收，

并应有详细的文字记录和必要的图像资料：保温层附着的基层及其表面处理、保温板粘结或固定、锚固件、增强网铺设、墙体热桥部位处理、预制保温板或预制保温墙板的板缝及构造节点、现场喷涂或浇筑有机类材料的界面、被封闭的保温材料的厚度、保温隔热砌块填充墙。

（4）墙体节能工程的保温材料在施工过程中应采取防潮、防水等保护措施。

（5）墙体节能工程的材料、构件和部品等，其品种、规格、尺寸和性能应符合设计要求和相关标准的规定。

（6）严寒和寒冷地区外保温使用的粘结材料，其冻融试验结果应符合该地区最低气温环境的使用要求。

（7）墙体节能工程的施工，应符合下列规定：保温隔热材料的厚度必须符合设计要求；保温板材与基层及各构造层之间粘结必须牢固，粘结强度和连接方式应符合设计要求，保温板材与基层的粘结强度应做现场拉拔试验；浆料保温层应分层施工；当墙体节能工程的保温层采用预理或后置锚固件固定时，其锚固件数量、位置、锚固深度和拉拔力应符合设计要求。后置锚固件应进行锚固力现场拉拔试验。

（8）严寒和寒冷地区外墙热桥部位，应按设计要求采取节能保温等隔断热桥措施。

23. 幕墙节能工程、门窗节能工程施工质量验收的要求是什么？

答：（1）幕墙节能工程施工质量验收的要求

1）附着于主体结构上的隔汽层、保温层应在主体结构工程质量验收合格后施工。施工过程应及时进行质量检查、隐蔽工程质量验收和检验批工程验收，施工完成后应进行建筑幕墙节能分项工程验收。

2）幕墙节能工程施工中应对相关项目进行隐蔽工程验收，并应有详细的文字记录和必要的图像资料。

(2) 门窗节能工程施工质量验收的要求

1) 建筑门窗进场后，应对其外观、品种、规格及附件进行检查验收，对质量证明文件进行检查。

2) 建筑外门窗工程施工中，应对门窗框与墙体缝隙的保温填充做法进行隐蔽工程验收，并应有隐蔽工程验收记录和必要的图像资料。

24. 屋面节能工程、地面节能工程施工质量验收的要求是什么？

答：(1) 屋面节能工程施工质量验收的要求

1) 屋面保温隔热工程的施工，应在基层质量验收合格后进行。施工过程中应及时进行质量检查、隐蔽工程验收和检验批验收，施工完成后应进行屋面节能分项工程验收。

2) 屋面保温隔热工程应对下列部位进行隐蔽工程验收，并应有隐蔽工程验收记录和图像资料：基层；保温层的敷设方式、厚度；板材缝隙填充质量；屋面热桥部位；隔汽层。

3) 屋面保温隔热施工完成后，应及时进行找平层和防水层的施工，避免保温层受潮、浸泡和受损。

(2) 地面节能工程施工质量验收的要求

地面节能工程应对下列部位进行隐蔽工程验收，并应有详细的文字记录和必要的图像资料：基层、被封闭的保温材料厚度、保温材料粘结、隔断热桥部位。

第二节 工程质量管理的基本知识

1. 工程质量管理的特点有哪些？

答：(1) 工程质量的概念

质量就是满足要求的程度。要求包括明示的和隐含的和必须履行的需求和期望。明示的一般是指合同环境中，用户明确提出来的需要或要求，提出是通过合同、标准、规范、图纸、技术文件所作出的明确规定；隐含需要则应加以识别和确定，具体说，是指顾客的期望，二是指那些人们公认的、不言而喻的、不必做出规定的"需要"，如房屋的居住功能是基本需要。但服务的美观和舒适性则是"隐含需要"。需要是随时间、环境的变化而变化的，因此，应定期评定质量要求，修订规范，开发新产品，以满足变化的质量要求。

（2）建筑工程质量管理的特点

1）影响质量的因素多

工程项目的施工是动态的，影响项目质量的因素也是动态的。项目的不同阶段、不同环节，不同过程，影响质量的因素也各不相同。如设计、材料、自然条件、施工工艺、技术措施、管理制度等，均直接影响工程质量。

2）质量控制的难度大

由于建筑产品生产的单件性和流动性，不能像其他工业产品一样进行标准化施工，施工质量容易产生波动；而且施工场面大、人员多、工序多、关系复杂、作业环境差，都加大了质量管理的难度。

3）过程控制的要求高

工程项目在施工过程中，由于工序衔接多、中间交接多、隐蔽工程多，施工质量有一定的过程性和隐蔽性。在施工质量控制工作中，必须加强对施工过程的质量检查，及时发现和整改存在的质量问题，避免事后从表面进行检查。因为施工过程结束后的事后检查难以发现在施工过程中产生、又被隐蔽了的质量隐患。

4）终结检查的局限大

建筑工程项目建成后不能依靠终检来判断产品的质量和控制产品的质量；也不可能用拆卸和解体的方法检查内在质量或更换不合格的零件。因此，工程项目的终检（施工验收）存在一定的局限性。所以工程项目的施工质量控制应强调过程控制，边施工边检查边整改，并及时做好检查、认证和施工记录。

2. 建筑装饰装修工程施工质量的影响因素及质量管理原则各有哪些?

答:影响施工质量的因素主要包括人、材料、设备、方法和环境。对这五方面的因素的控制,是确保项目质量满足要求的关键。

(1) 人的因素

人作为控制的对象,是要避免产生失误;人作为控制的动力,是要充分调动积极性,发挥人的主导作用。因此,应提高人的素质、健全岗位责任制,改善劳动条件,公平合理地激励劳动热情;应根据项目特点,从确保工程质量作为出发点,在人的技术水平、人的生理缺陷、人的心理行为、人的错误行为等方面控制人的使用;更为重要的是提高人的质量意识,形成人人重视质量的项目环境。

(2) 材料的因素

建筑工程材料主要包括原材料、成品、半成品、构配件等。对材料的控制主要通过严格检查验收,正确合理地使用,进行收、发、储、运技术管理,杜绝使用不合格材料等环节来进行控制。

(3) 设备的因素

设备包括项目使用的机械设备、工具等。对设备的控制,应根据项目的不同特点,合理选择、正确使用、管理和保养。

(4) 方法的因素

方法包括项目实施方案、工艺、组织设计、技术措施等。对方法的控制,主要是通过合理选择、动态管理等环节加以实现。合理选择就是根据项目特点选择技术可行、经济合理、有利于保证项目质量、加快项目进度、降低项目费用的实施方法。动态管理就是在项目管理过程中正确应用,并随着条件的变化不断进行调整。

(5) 环境控制

影响项目质量的环境因素包括项目技术环境,如地质、水文、气象等；项目管理环境如质量保证体系、质量管理制度等；劳动环境、如劳动组合、作业场所等。根据项目特点和具体条件，采取有效措施对影响工程项目质量的环境因素进行控制。

3. 建筑装饰装修工程施工质量控制的基本内容和工程质量控制中应注意的问题各是什么？

答：所谓项目质量控制，是指运用动态控制原理进行项目的质量控制，即对项目的实施情况进行监督、检查和测量，并将项目实施结果与事先制定的质量标准进行比较，判断其是否符合质量标准，找出存在的偏差，分析偏差形成的原因的一系列活动。

（1）质量控制的内容

1）确定控制对象，例如一道工序、一个分项工程、一个安装工程。

2）规定控制对象，即详细说明控制对象应达到的质量要求。

3）制定具体的控制方法，如工艺规程、控制用图表。

4）明确所采用的检验方法，包括检验手段。

5）实际进行检验。

6）分析实测数据与标准之间产生差异的原因。

7）解决差异所采取的措施、方法。

（2）工程质量控制中应注意的问题

1）工程质量管理不是追求最高的质量和最完美的工程，而是追求符合预定目标的、符合合同要求的工程。

2）要减少重复的质量管理工作。

3）不同种类的项目，不同的项目部分，质量控制的深度不一样。

4）质量管理是一项综合性的管理工作，除了工程项目的各个管理过程以外还需要一个良好的社会质量环境。

5）注意合同对质量管理的决定作用，要利用合同达到对质量进行有效的控制。

6）项目质量管理的技术性很强，但它又不同于技术性工作。

7）质量控制的目标不是发现质量问题，而是提前应避免质量问题的发生。

8）注意过去同类项目的经验和教训，特别是业主、设计单位、施工单位反映出来的对质量有重大影响的关键性工作。

4. 质量控制体系的组织框架是什么？

答：质量控制是质量管理的重要组成部分，其目的是为了使产品、体系或过程的固有特性达到要求，以满足顾客、法律、法规等方面所提出的质量要求（即安全性、适用性和耐久性等）。所以，质量控制是通过采取一系列的作业技术和活动对各个过程实施控制。

工程项目经理部是施工承包单位依据施工承包合同派驻工程施工现场全面履行施工合同的组织机构。其健全程度、组织人员素质及内部分工管理水平，直接关系到整个工程质量控制的好坏。组织管理模式可采用智能式、直线型模式、直线—职能型模式和矩阵式四种。由于建筑装饰装修工程建设实行项目经理负责制，项目经理全权代表施工单位履行施工承包合同，对项目全权负责。实践中一般采用直线—职能型组织模式，即项目经理根据实际的施工需要，下设相应的技术、安全、计量等职能机构，项目经理也可以根据实际的施工需要，按标段或按分部工程等下设若干个施工队。项目经理负责整个项目的计划组织和实施及各项协调工作，既使权力集中，权、责分明，决策快速，又有职能部门协助处理和解决施工中出现的复杂的专业技术问题。

施工质量保证体系示意图如图 3-1 所示。

5. 建筑装饰装修工程施工质量问题处理的依据有哪些？

答：施工质量问题处理的依据包括以下内容：

（1）质量问题的实况资料。包括质量问题发生的时间、地点；质量问题描述；质量问题发展变化情况；有关质量问题的观测记录、问题现状的照片或录像；调查组调查研究所获得的第一手资料。

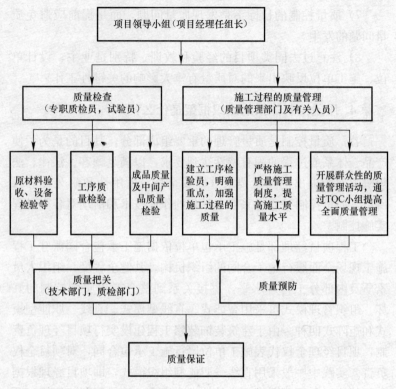

图 3-1 施工质量保证体系示意图

（2）有关合同及合同文件。包括工程承包合同、设计委托协议、设备与器材的购销合同、监理合同及分包合同。

（3）有关技术文件和档案。主要的是有关设计文件（如施工图纸和技术说明）、与施工有关的技术文件、档案和资料（如施工方案、施工计划、施工记录、施工日志、有关建筑材料的质量证明资料、现场制备材料的质量证明材料、质量事故发生后对事故状况的观测记录、试验记录和试验报告等）。

（4）相关的建设法规。主要包括《建筑法》、《建筑工程质量管理条例》及与工程质量及工程质量事故处理有关的法规，以及勘察、设计、施工、监理等单位资质管理方面的法规、从业者资格管理方面的法规、建筑市场方面的法规、建筑施工方面的法规、关于标准化管理方面的法规等。

6. ISO 9000 质量管理体系的要求包括哪些内容？

答：（1）质量管理体系说明

质量管理体系能够帮助组织增进顾客满意。顾客要求产品具有满足其需求和期望的特性，这些需求和期望在产品规范中表述，并集中归结为顾客要求。顾客要求可以由顾客以合同方式规定或由组织自己确定，在任一情况下，顾客最终确定产品的可接受性。因为顾客的需求和期望是不断变化的，这就促使组织持续地改进其产品和过程。质量管理体系方法鼓励组织分析顾客要求，规定相关的过程，并使其持续受控，以实现顾客能接受的产品。质量管理体系能提供持续改进的框架，以增加使顾客和其他相关方满意的可能性。质量管理体系还就组织能够提供持续满足要求的产品，向组织及其顾客提供信任。

（2）质量管理体系的要求

《质量管理体系　要求》GB/T 19001 族标准把质量管理体系要求与产品要求区分开来。GB/T 19001 规定了质量管理要求，质量管理要求是通用的，适用于所有业务领域和经济领域，不论其提供何类品种的产品。它本身并不规定对产品的要求。

产品要求可由顾客规定，或由组织通过预测顾客的要求规定，或由法规规定。在某些情况下，产品要求和有关过程的要求可包含在诸如技术规范、产品标准、过程标准、合同协议和法规要求中。

7. 质量管理的八大原则是什么？

答：八项质量管理原则是 2000 版 ISO 9000 设计的基础，质量管理经历了以下阶段，传统质量管理阶段，统计质量管理阶段，全面质量管理阶段，综合质量管理阶段。

传统质量管理阶段以是检验为基本内容，方式是严格把关。

对最终产品是否符合规定要求做出判定，属事后把关，无法起到预防控制的作用。统计质量控制阶段是以数理统计方法与质量管理的结合，通过对过程中影响因素的控制达到控制结果的目的。

全面质量管理阶段的全面质量管理内容和特征可以概括为三全，即：管理对象是全面的、全过程的、全员的。

综合质量管理阶段同样以顾客满意为中心，但同时也开始重视与企业职工、社会、交易伙伴、股东等顾客以外的利益相关者的关系。重视中长期预测与规划和经营管理层的领导能力。重视人及信息等经营资源，使组织充满自律、学习、速度、柔韧性和创造性。

八项质量管理原则包括：

（1）以顾客为关注焦点。组织依存于顾客。因此，组织应当理解顾客当前和未来的需求，满足顾客要求并争取超越顾客期望。就是一切要以顾客为中心，没有了顾客，产品销售不出去，市场自然也就没有了。所以，无论什么样的组织，都要满足顾客的需求，顾客的需求是第一位的。要了解顾客的需求，这里说的需求，包含顾客明示的和隐含的需求，明示的需求就是顾客明确提出来的对产品或服务的要求，隐含的需求或者说是顾客的期望，是指顾客没有明示但是必须要遵守的，比如说法律法规的要求，还有产品相关的标准的要求。另外，作为一个组织，还应该了解顾客和市场的反馈信息，并把它转化为质量要求，采取有效措施来实现这些要求。想顾客所想，这样才能做到超越顾客期望。这个指导思想不仅领导要明确，还要在全体职工中贯彻。

（2）领导作用。领导者确立组织统一的宗旨和方向。他们应当创造并保持使员工能充分参与实现组织目标的内部环境，作为组织的领导者，必须将本组织的宗旨、方向和内部环境统一起来，积极的营造一种竞争的机制，调动员工的积极性，使所有员工都能够在融洽的气氛中工作。领导者应该确立组织的统一的宗旨和方向，就是所谓的质量方针和质量目标，并能够号召全体员工为组织的统一宗旨和方向努力。

领导的作用，即最高管理者应该具有决策和领导一个组织的关键作用。确保关注顾客要求，确保建立和实施一个有效的质量管理体系，确保提供相应的资源，并随时将组织运行的结果与目标比较，根据情况决定实现质量方针，目标的措施，决定持续改进的措施。在领导作风上还要做到透明、务实和以身作则。

（3）全员参与。各级人员都是组织之本，只有他们的充分参与，才能够使他们的才干为组织带来收益。全体职工是每个组织的基础。组织的质量管理不仅需要最高管理者的正确领导，还有赖于全员的参与。所以要对职工进行质量意识、职业道德、以顾客为中心的意识和敬业精神的教育，还要激发员工的积极性和责任感。没有员工的合作和积极参与，是不可能做出什么成绩的。

（4）过程方法。将活动和相关的资源作为过程进行管理，可以更高效的得到期望的结果。"过程"这个词，在标准中的定义是，一组将输入转化为输出的相互关联或相互作用的活动。

（5）管理的系统方法。将相互关联的过程作为系统加以识别、理解和管理，有助于组织提高实现目标的有效性和效率。组织的过程不是孤立的，是有联系的，因此，正确的识别各个过程，以及各个过程之间的关系和接口，并采取适合的方法来管理。针对设定的目标，识别、理解并管理一个由相互关联的过程所组成的体系，有助于提高组织的有效性和效率。这种建立和实施质量管理体系的方法，既可用于新建体系，也可用于现有体系的改进。此方法的实施可在三方面受益：一是提供对过程能力及产品可靠性的信任；二是为持续改进打好基础；三是使顾客满意，最终使组织获得成功。

（6）持续改进。持续改进总体业绩应当是组织的一个永恒目标。在过程的实施中不断地发现问题，解决问题，这就会形成一个良性循环。在质量管理体系中，改进指产品质量、过程及体系有效性和效率的提高，持续改进包括：了解现状；建立目标；寻找、评价和实施解决办法；测量、验证和分析结果，把更改纳入文件等活动。最终形成一个 PDCA 循环，并使这个环不断的运行，使得组织能够持续改进。

（7）基于事实的决策方法。有效决策是建立在数据和信息分析的基础上。组织应该搜集运行过程中的各种数据，然后对这些数据进行统计和分析，从数据中寻找组织的改进点，或者相关的信息，以便于组织作出正确的决策，减少错误的发生。防止决策失误对数据和信息的逻辑分析或直觉判断是有效决策的基础。在对信息和资料做科学分析时，统计技术是最重要的工具之一。统计技术可用来测量、分析和说明产品和过程的变性，统计技术可以为持续改进的决策提供依据。

（8）与供方互利的关系。组织与供方是相互依存的，互利的关系可增强双方创造价值的能力。组织的供应链适用于各种组织，对于不同的组织，在不同的供应链中的地位也是不同的，有可能是一个供应链中供方，同时是另外一个供应链中的顾客，所以，互利的供方关系其实是一个让供应链中各方同时得到改进的机会，共同进步。

通过互利的关系增强组织及其供方创造价值的能力。供方提供的产品将对组织向顾客提供满意的产品产生重要影响，因此处理好与供方的关系，影响到组织能否持续稳定地提供顾客满意的产品。对供方不能只讲控制不讲合作互利，特别对关键供方，更要建立互利关系，这对组织和供方都有利。

8. 建筑工程质量管理中实施 ISO 9000 标准的意义是什么？

答：建筑装饰装修施工企业贯彻 ISO 质量管理体系标准，适应了我国建立现代企业制度的需要，成为了装饰装修企业质量管理的重要准则。我国正推行现代企业管理制度，使企业真正成为自主经营、自负盈亏、自我发展的经济实体。作为这样一种的经济实体，迫切需要按 ISO 9000 的要求提高自身素质，这是我国建筑装饰装修施工企业自身发展、提高产品质量、服务质量的重要基础。

第三节　施工质量计划的内容和编制方法

1. 什么是质量策划？

答：工程项目质量策划是工程项目质量管理的一部分，它是指工程项目在质量方面进行规划的活动，质量计划是质量策划的一种体现，质量策划的结果也可以是非书面的形式。质量计划应明确指出所开展的质量活动，并直接或间接通过相应程序或其他文件，指出如何实现这些活动。质量策划致力于质量目标并规定必要的作业过程和相关资源，以实现其质量目标。其中，质量目标是指与质量有关的，所追求的或作为目的的事物，应建立在组织的质量方针基础上。质量计划指规定用于某一具体情况的质量管理体系要素和资源的文件，通常引用质量手册的部分内容或程序文件。《质量管理体系　基础和术语》GB/T 19000—2008 对工程项目策划的定义是："对特定的项目、产品、过程或合同，规定由谁及何时应使用哪些程序和相关资源的文件"。对工程项目而言，质量计划主要是针对特定的项目所编制的规定程序和相应资源的文件。

组织的质量手册和质量管理体系程序所规定的是各种产品都适用的通用要求和方法。但各种特定产品都有其特殊性，可将其产品、项目或合同的特定要求与现行的通用质量体系程序相联结。通常在质量策划所形成的质量计划中引用质量手册或程序文件中的适用条款。

2. 施工质量计划的作用和内容各有哪些？

答：（1）质量计划的作用

质量计划是一种工具，其可以起以下作用：

1）在组织内部，通过建设项目的质量计划，使产品的特殊质量要求能通过有效的措施得以满足，是质量管理的依据。

2）在合同情况下，供方可向顾客证明其如何满足特定合同的特殊质量要求，并作为用户实施质量监督的依据。

（2）质量计划的内容

质量计划的内容有：质量目标和要求；质量管理组织和职责；所需要的过程、文件和资源的需求；产品（或工程）所要求的验证、确认和监视、检验和试验活动，以及接受准则；必要的记录；所采取的措施等。具体内容如下：

1）应达到的建设项目质量目标，如特性或规范、可靠性、综合指标等。

2）组织实际运作的各过程步骤（可以用流程图等展示过程的各项活动）。

3）在项目的各个不同阶段，职责、权限和资源的具体分配。如果有的建设项目因特殊需要或组织管理的特殊要求，需要建立相对独立的组织机构，可规定有关部门和人员应承担的任务、责任、权限和完成工作任务的进度要求。

4）实施中应采用的程序、方法和指导书。

5）有关阶段（如设计、采购、施工、运行等）适用的试验、检查、检验和评审的大纲。

6）达到质量目标的测量方法。

7）随装饰项目的进展而修改和完善质量计划的程序。

8）为达到质量目标而应采取的其他措施，更新检验测试设备，研究新的工艺方法和设备，需要补充制定的特定程序、方法、标准和其他文件等。

3. 施工质量计划的编制方法和注意事项各是什么？

答：（1）施工质量计划的编制方法

建设工程的质量计划是针对具体项目的特殊要求，以及应重点控制的环节，所编制的对设计、采购、施工安装、试运行等质量控制的方案。编制质量计划，可以是单独一个文件，也可以是有一系列文件组成。质量计划最常见的内容之一是创优计划，包括各种高等级的质量目标，特殊的设施措施等。

开始编制质量计划时，可以从总体上考虑如何保证产品质量，因此，可以是一个带有规划性的较粗的质量计划。随着施工安装的进展，再相应地编制较详细的质量计划，如施工控制计划、安装控制计划和检验计划等。质量计划应随施工、安装的进度作出必要的调整和完善。

质量计划可以单独编制，也可以作为建设项目其他文件的组成部分，在现行的施工管理体制中，对每一个特定的工程项目需要编写施工组织设计，作为施工准备和施工全过程的指导性文件。质量计划和施工组织设计的相同点是：其对象都是针对某一特定项目，而且均以文件的形式出现。但两者在内容和要求上不完全相同，因此，不能互相替代。但可以将两者有机地结合起来。同时，质量计划应充分考虑与施工方案、施工组织的协调与接口要求。

（2）编制质量计划的注意事项

1）组织管理层应当亲自及时组织指导，项目经理必须亲自主持和组织质量计划的编写工作。

2）可以建立质量计划编制小组。小组成员应具备丰富的知识，有实践经验，善于听取不同意见，有较强的沟通能力和创新精神。当质量计划编制完成后，在公布实施时，小组即可解散。

3）编制质量计划的指导思想是：始终以用户为关注焦点。建立完善的质量控制措施。

4）准确无误地找出关键质量问题。

5）反映征询对质量计划草案的意见。

第四节 工程质量控制的方法

1. 施工准备阶段的质量控制内容与方法有哪些？

答：施工准备阶段的质量控制是指项目正式施工活动开始之前，对项目准备工作即影响质量的各种因素和有关方面的质量控制。施工准备是为了保证施工生产正常进行而必须事先做好的工作。施工准备工作不仅是在工程开工前要做好，而且贯穿于施工全过程。施工准备的基本任务就是为施工项目建立一切必要的施工条件，确保施工生产顺利进行，确保工程质量符合要求。

（1）施工技术资料、文件准备的质量控制

1）施工项目所在地的自然条件及技术经济条件调查资料；

2）施工组织设计；

3）国家及政府有关部门颁布的有关质量管理方面的法律法规性文件及质量验收标准；

4）工程测量控制。

（2）设计交底和图纸审核的质量控制

1）设计交底。工程施工前，由设计组织向施工单位有关人员进行设计交底。

2）图纸审核。图纸审核是设计单位和施工单位进行质量控制的重要手段，也是使施工单位通过审查熟悉设计图纸、了解设计意图和关键部位的工程质量要求，发现和减少设计差错，保证工程质量的重要方法。图纸审查包括内审和会审两种方式。内审是指施工单位及项目经理部对图纸的审核。会审指施工单位及项目经理部与业主、设计、监理等相关方面对图纸的共同审核。

（3）施工分包服务

对各种分包服务应根据其规模、控制的复杂程度区别对待，对分包服务进行动态控制。

（4）质量教育与培训

通过教育培训和其他措施提高员工的能力，增强质量和顾客意识，使员工满足从事好的质量工作对能力的要求

2. 施工阶段质量控制的内容及方法包括哪些？

答：施工阶段的质量控制包括如下主要方面。

（1）技术交底

按照工程重要程度，单位工程开工前，应由组织或项目技术负责人组织全面的技术交底。

（2）测量交底

1）对于给定的原始基准点，基准线和参考标高等的测量控制点应做好复核工作，审核批准后，才能据此进行准确的测量放线。

2）施工测量控制网的复测。准确地测定与保护好场地平面控网和主轴线的桩位，是整个场地内建筑物、构筑物定位的依据，是保证整个施工测量精度和顺利进行施工的基础。

（3）材料控制

1）对供货方质量保证能力进行评定。

2）建立材料管理制度、减少材料损失、变质。

3）对原材料、半成品、构配件进行标识。

4）材料检查验收。

5）发包人提供的原材料、半成品、构配件和设备。

6）材料质量抽样和检验方法。

（4）机械设备控制

1）机械设备使用形式决策。

2）注意机械配套。

3）机械设备的合理使用。

4）机械设备的保养与维修。

（5）计量控制

施工中的计量工作，包括施工生产时的投料计量、施工生产过程中的检测计量和对项目、产品或过程的测试、检验、分析计量等。

计量工作的主要任务是统一计量单位制度，组织量值传递。保证量值的统一。这些工作有利于控制施工生产工艺过程，促进施工生产技术的发展，提高工程项目的质量。因此，计量是保证工程项目质量的重要手段和方法，亦是施工项目开展质量管理的一项重要基础工作。为了做好记录工作，应抓好以下几项工作：

1）建立计量管理部门和配备计量人员；

2）建立健全和完善计量管理的规章制度；

3）积极开展计量意识教育；

4）确保强检计量器具的及时检定；

5）做好自检器具的管理工作。

（6）工序控制

工序控制是产品制造过程的基本环节，也是组织生产过程的基本单位。一道工序，是指一个（或一组）工人在一个工作地对一个（或几个）劳动对象（工程、产品、构配件）所完成的一切连续活动的总和。

（7）特殊和关键过程控制

特殊过程是指建设工程项目在施工过程或工序施工质量不能通过其后的检验和试验而得到验证，或者其验证的成本不经济的过程。关键过程是指严重影响施工质量的过程。

3. 施工过程质量控制点怎样确定？

答：特殊过程和关键过程是施工质量控制的重点，设置质量控制点就是根据工程项目的特点，抓住这些影响工序施工质量的主要因素。质量控制点设置原则：

1）对工程质量形成过程的各个工序进行全面分析，凡对工程的适用性、安全性、可靠性、经济性有直接影响的关键部位设立控制点，如高层建筑的垂直度、预应力张拉、楼面标高控制等。

2）对下道工序有较大影响的上道工序设立控制点，如砖墙粘结率、墙体混凝土浇捣等。

3）对质量不稳定，经常容易出现不良品的工序设立控制点，如阳台地坪、门窗装饰等。

4）对用户反馈和过去有过返工的不良工序，如屋面、油毡铺设等。

4. 施工过程质量控制点设置原则、种类及管理各包括哪些内容？

答：特殊过程和关键过程是施工质量控制的重点，设置质量控制点就是根据工程项目的特点，抓住这些影响工序施工质量的主要因素。

（1）质量控制点设置原则

质量控制点应选择哪些技术要求高、施工难度大、对工程质量影响大或者是发生质量问题时危害大的对象进行设置。

1）对工程质量形成过程产生直接影响的关键部位、工序、环节及隐蔽工程。

2）施工过程中的薄弱环节，或者质量不稳定的工序、部位或对象。

3）对下道工序有较大影响的上道工序。

4）采用新技术、新工艺、新材料、新设备的部位或环节。

5）施工质量无把握的、施工条件困难或技术难度大的工序或环节。

6）用户反馈指出的过去有过返工的不良工序。

（2）质量控制点的种类

1）以质量特性值为对象来设置；

2）以工序为对象来设置；

3）以设备为对象来设置；

4）以管理工作为对象来设置。

（3）质量控制点的管理

在操作人员上岗前，施工员、技术员做好交底和记录，在明确工艺要求、质量要求、操作要求的基础上方能上岗，施工中发现问题，及时向技术人员反映，由有关技术人员指导后，操作人员方可继续施工。

为了保证质量控制点的目标实现要建立三级检查制度，即操作人员每日自检一次，组员之间或班长，质量干事与组员之间进行互检；质量员进行专检；上级部门进行抽检。

针对特殊过程（工序）的过程能力，应在需要时根据事先的策划及时进行确认，确认的内容包括：施工方法、设备、人员、记录的要求，需要时要进行确认，对于关键过程（工序）也可以参照特殊过程进行确认。

在施工中，如果发现质量控制点有异常，应立即停止施工，召开分析会，找出产生异常的主要原因，并用对策表写出对策。如果是因为技术要求不当，而出现异常，必须重新修订标准，在明确操作要求和掌握新标准的基础上，再继续进行施工，同时还应加强自检、互检的频次。

5. 怎样确定地下防水工程的质量控制点？

答：（1）防水混凝土工程的质量控制点包括：

1）原材料、配合比、坍落度；

2）抗压强度和抗渗能力；

3）变形缝、施工缝、后浇带，预埋件等设置和构造。

（2）卷材防水质量控制点包括：

1）卷材及主要配套材料；

2）转角、变形缝、穿墙缝、穿墙管道的细部做法；

3）卷材防水层的基层质量；

4）防水层的搭接缝、搭接宽度。

6. 室内防水工程的施工质量控制点怎样设置？

答：（1）浴厕间的基层（找平层）可采用1：3水泥砂浆找平层，厚度20mm抹平压光、坚实平整，不起砂，要求基本干燥；泛水坡度在2%以上，不得倒坡积水；在地漏边缘向外50mm内排水坡度为5%。

（2）浴室墙面的防水层不得低于1800mm。

（3）玻璃布的接槎应顺流水方向搭接，搭接宽度应不小于100mm，两层以上玻纤布的防水施工，上、下搭接应错开幅宽的二分之一。

（4）在墙面和地面相交的阴角处，出地面管道根部和地漏周围，应先做防水附加层。

7. 抹灰工程的施工质量控制点怎样确定？

答：（1）控制点

1）空鼓、开裂和烂根。

2）抹灰面平整度、阴阳角垂直度、方正度。

3）踢脚板和水泥墙裙等上口出墙厚度控制。

4）接槎、颜色。

（2）预防措施

1）基层应清理干净，抹灰前要浇水湿润，注意砂浆配合比，使底层砂浆和楼板粘结牢固；抹灰前应分层分遍压实，施工完后应及时浇水养护。

2）抹灰前要认真用托线板、靠尺对抹灰墙面尺寸预测摸底，安排好阴阳角不同两个面的灰层厚度和方正，认真做好灰饼和冲筋；阴阳角处用方尺套方，做到墙面垂直、平顺、阴阳角方正。

3）踢脚板、墙裙施工要仔细，认真掉垂直、拉通线找直找方，抹灰完后用板尺将上口刮平、压实、赶光。

4）要采用同品种、同强度等级的水泥，严禁混用，防止颜色不均；接槎应避免在块中，应甩在分格条处。

8. 怎样确定门窗工程的质量控制点？

答：（1）控制点

1）门窗洞口预留尺寸。

2）合页、螺钉、合页槽。

3）上下层门窗垂直度、左右门窗安装标高。

（2）预防措施

1）砌筑时上下左右拉线找规矩，一般门窗框上皮应低于门窗过梁 10～15mm，窗框下皮应比窗台上皮高 5mm。

2）合页位置应距门窗框上下端宜取立梃高度的 1/10；安装合页时，必须按画好的合页位置开凿合页槽，槽深应比合页厚度大 1～2mm；根据合页规格选用合适的木螺钉，木螺钉可用锤钉

1/3深厚，再行拧紧入。

3）安装人员必须按照工艺要点施工，安全前应弹线找规矩，做好准备工作后，先安样板，合格后在全面安装。

9. 怎样确定饰面板（砖）的施工质量控制点？

答：（1）控制点

1）石材挑选、色差、返碱、水渍。

2）骨架安装或骨架防锈处理。

3）石材安装高低差、平整度。

4）石材运输、安装过程中的磕碰。

（2）预防措施

1）石材选样后进行封样，按照选样石材，对进场的石材检验挑选，对于色差较大的石材应进行更换。湿作业前应对石材侧面和背面进行返碱背涂处理。

2）应该按照设计要求的骨架固定方式，固定牢固，后置埋件应做现场拉拔试验，必须按要求刷防锈漆处理。

3）按照石材应吊垂直线和拉水平线控制，避免出现高低差。

4）石材在运输、二次加工、安装过程中注意不要磕碰。

10. 怎样确定石材工程的施工质量控制点？

答：（1）控制点

1）基层处理。

2）石材色差，加工尺寸偏差，板厚差。

3）石材铺装空鼓、裂缝、板块之间高低差。

4）石材铺装平整度、缺棱掉角、板块之间缝隙不直或出现大小头。

（2）预防措施

1）基层施工前一定要将落地灰等杂物清理干净。

2）石材进场时必须进行检验与一般对照，并对石材每一块进行挑选检查，符合要求的留下，不符合要求的放在一边。铺装前对石材与水泥砂浆交接面涂刷抗碱防护剂。

3）石材铺装时应预铺，符合要求后正式铺装，保证干硬性砂浆的配合比和结合层砂浆的配合比及涂刷时间，保证石材铺装下的砂浆饱满。

4）石材铺装好后加强保护，严禁随意踩踏，铺装时应用水平尺检查。对缺棱掉角的石材应挑选出来，铺张时应拉线找直，控制板块的安装边平直。

11. 怎样确定面砖工程的施工质量控制点？

答：（1）控制点

1）地木砖的釉面色差及棱边缺损，面砖规格偏差翘曲。

2）地面砖空鼓、断裂。

3）地面砖拍砖、砖缝不直、宽窄不均匀、勾缝不实。

4）地面出现高低差，平整度。

5）有防水要求的房间地面找坡、管道处套割。

6）地面砖出现小窄边、破活。

（2）预防措施

1）施工前地面砖选用挑选，将颜色、花纹、规格尺寸相同的砖挑选出来备用。

2）地面基层一定要清理干净，地砖在施工前必须浇水湿润，保证含水率，地面铺装砂浆时应先将板块试铺后，检查干硬性砂浆的密实度，安装时用橡皮锤敲实，保证不出现空鼓、断裂。

3）地面铺装时一定要做出灰饼标高，拉线找直，水平尺随时检查平整度；擦缝要仔细。

4）有防水要求的房间，按照设计要求找出房间的流水方向并找坡，套割仔细。

12. 怎样确定龙骨石膏板吊顶工程的质量控制点？

答：（1）控制点

1）基层清理。

2）吊筋安装与机电管道等相接触。

3）龙骨起拱。

4）施工顺序。

5）板缝处理。

（2）预防措施

1）吊顶内基层应将模板、松散混凝土等杂物清理干净。

2）吊顶的吊筋不能与机电、通风管道和固件相接触或连接。

3）当短向跨度≥4m 时，主龙骨按短向跨度 $1/1000 \sim 3/1000$ 起拱。

4）完成主龙骨安装后，机电等设备工程安装测试完毕。

5）石膏板板缝之间应留楔口，表面粘玻璃纤维布。

13. 怎样确定龙骨隔墙工程的质量控制点？

答：（1）控制点

1）基层弹线。

2）龙骨的规格、间距。

3）自攻螺钉的间距。

4）石膏板间留缝。

（2）预防措施

1）按照设计图纸进行，并做预检记录。

2）检查隔墙龙骨间距是否与交底相符合。

3）自攻螺钉的间距控制在 150mm 左右，要求均匀布置。

4）板块之间预留缝隙保证在 5mm 左右。

14. 怎样确定涂料工程的质量控制点？

答：（1）控制点

1）基层清理。

2）墙面修补不好，阴阳角偏差。

3）墙面腻子平整度，阴阳角方正度。

4）涂料的遍数、漏底、均匀度、刷纹等情况。

（2）预防措施

1）基层一定要清理干净，有油污的应用10％的火碱水液清洗，松散的墙面和抹灰应清除，修补牢固。

2）墙面的空鼓、裂缝应提前修补。

3）涂料的遍数一定要保证，保证涂刷均匀；控制基层含水率。

4）对涂料的稠度必须控制，不能随意加水等。

15. 怎样确定裱糊工程的质量控制点？

答：（1）控制点

1）基层起砂、空鼓、裂缝等问题。

2）壁纸裁纸准确度。

3）壁纸裱糊气泡、皱褶、翘边、脱落、死塌等缺陷。

4）表面质量。

（2）预防措施

1）贴壁纸前应对墙面基层用腻子找平，保证墙面的平整度，并且不起灰，基层牢固。

2）壁纸裁纸时应搭设专用的裁纸平台，采用铝尺等专用工具。

3）裱糊过程中应按照施工规程进行操作，必须润纸的应提前进行，保证质量；刷胶要均匀厚薄一致，滚压均匀。

4）施工时应注意表面平整，因此要检查基层的平整度；施工时应戴白手套；接缝要直，阴角处壁纸宜断开。

16. 怎样确定木护墙、木筒子板细部工程的质量控制点？

答：（1）控制点

1）木龙骨、衬板防腐防火处理。

2）龙骨、衬板、面板的含水率要求差。

3）面板花纹、颜色、纹理。

4）面板安装钉子间距，饰面板背面刷乳胶。

179

5）饰面板变形、污染。

（2）预防措施

1）木龙骨、衬板必须提前做防腐、防火处理。

2）龙骨、衬板、面板的含水率控制在12％左右。

3）面板进场时应加强检验，在施工前必须进行挑选，按设计要求的花纹达到一致，在同一墙面、房间颜色要一致。

4）施工时应按照交底要求进行，注意检查。

5）饰面板进场后，应刷底漆封一遍。

17. 怎样确定金属贴面工程的质量控制点？

答：（1）控制点

1）吊直、找方、找规矩、弹线。

2）固定骨架的连接件。

3）固定骨架。

4）金属饰面安装。

5）收口构造。

（2）预防措施

1）根据设计图纸的要求和几何尺寸，要对镶贴金属饰面板的墙面进行吊直、找方、找规矩并一次实测和弹线，确定饰面墙板的尺寸和数量。

2）骨架的横竖杆件是通过连接件与结构固定的，而连接件与结构之间，可以与结构的预埋件焊牢，也可以在墙上打膨胀螺丝。

3）骨架的横竖杆件先进行防腐处理。安装骨架位置要准确，结合要牢固，安装后应全面检查中心线、表面报告等。对高层建筑外墙，为了保证饰面板的安装精度，宜用经纬仪对横竖杆件进行贯通。变形缝、沉降缝等应妥善处理。

4）每安装铺设10排墙板后，应吊线检查一次，以便及时消除误差。为了保证墙面外观质量，螺栓位置必须准确，并采用单面施工的钩形螺栓固定，使螺栓的位置横平竖直。易被划、碰的部位，应设安全栏杆保护。

5）水平部位的压顶、端部的收口、伸缩缝的处理、两种不同材料的交接处理等，用特制的两种材质性能相似的成型金属板进行妥善处理。

18. 怎样确定水电工程的质量控制点？

答：（1）给水排水工程质量控制点

1）管道试压。

2）焊接管坡口。

3）防腐。

4）施工间隙甩口封堵。

5）支架、吊架。

6）排水管坡度。

7）检查口、清扫口。

8）穿楼面、墙面套管。

9）室外管网垫层、管基回填。

10）持证上岗。

（2）电气工程质量控制点

1）线管、线盒。

2）防雷跨接。

3）等电位。

4）室外电力管。

5）配电箱。

6）线缆敷设标识。

19. 给水排水工程施工质量相应的预防措施主要有哪些？

答：对应于给水排水工程质量控制点，相应的预防措施包括：

1）管道试压。室内给水排水管道试压必须符合设计文件要求和《建筑给水排水及采暖工程施工质量验收规范》GB 50242

的规定要求，当设计未说明时，各种材质的给水管道定位的试验压力为工作压力的 1.5 倍，但不得小于 0.6MPa。

2）焊接管坡口。据管壁厚度超过 4mm 时就需坡口。其坡口要求为 3m，不论用哪种方法，坡口后管口 20～40mm 内的坡口表面必须清除脏、油污和锈斑，直至露出金属本色。

3）防腐。入场钢管需及时除锈刷防锈漆，埋地管道安装严格按照设计要求及《建筑给水排水及采暖工程施工质量验收规范》GB 50242 的规定要求进行，焊接处可待试压合格后进行防腐处理。

4）施工间隙甩口封堵。无论在任何施工现场埋地或预留管子的甩口必须用 1.5mm 或 3mm 铁板用电焊进行封堵，并用明显的标识，为下一道管道连接打好基础。严禁随意用胶纸或其他易损材料封堵甩口。

5）支架、吊架。金属与支架焊接、造型、防腐、加工制作应符合《室内管道支架及吊架》03S420 安装图集的要求，应符合《建筑给水排水及采暖工程施工质量验收规范》GB 50242 的规定。

6）排水管坡度。应根据管径和管道材质不同，依据设计文件规定选择相应的适当坡度。

7）检查口、清扫口。设计有规定时按设计要求设置，设计无规定时，应满足《建筑给水排水及采暖工程施工质量验收规范》GB 50242 的规定。直线管段上按设计要求设置清扫口。

8）穿楼面、墙面套管。穿楼面、墙面的套管要求标高、坐标符合设计要求，用电焊固定牢固，套管与管道同心。

9）室外管网垫层、管基回填。埋深要攻击设计和规范条文规定执行，管基必须牢固，支墩稳固，垫层设计符合要求。管道回填后严禁用大型、重型机械回填、碾压管网。

10）持证上岗。安装电工、焊工（特种人员）必须持证上岗，若资格证未坚持年审，过期失效，视为无证上岗。

20. 电气工程施工质量相应的预防措施主要有哪些?

答：对应于电气工程质量控制点，相应的预防措施包括：

1）线管、线盒。绑扎符合设计要求及《建筑电气工程施工质量验收规范》GB 50303 的规定。

2）防雷跨接。桩笼、地梁筋跨接点位、搭接长度单边 >12d,双边>6d，需要采用双面焊接，保证焊接质量。引下线连接、短路环、电气预留接地等必须符合有关防雷规范的规定。

3）等电位。与防雷引下线相连不少于 2 处，材质、规格符合设计要求，各种设备的防雷设施引下线不得串联，应盒内各自与接地体装置连接（并联）。

4）室外电力管。待沟槽垫层形成后，电力管沿水平并走向将安放下去，从下至上排列整齐，管口伸出与井壁平，并做到预留口，口子封闭完全，连接插入深度不低于 15mm，保证稳固，严禁随意搁放，重型机械碾压。

5）配电箱。入户强、弱电箱安装平正，强、弱电间隔符合设计要求。

6）线缆敷设标识。动力电缆、生活用电缆、电线必须在投放前将规格型号、编组号、用途等设计回路标识清楚，标识应在井道、转弯处、直线距离 30m 处及设备连接端等部位设置。

第五节　装饰装修施工试验的内容、方法和评定标准

1. 一般装饰装修工程的试验内容有哪些?

答：装饰装修工程的试验内容通常包括：外饰面砖粘结强度试验，饰面板后置埋件的现场拉拔强度试验，建筑门窗气密性、水密性、抗风压性能现场检测，水泥混凝土和水泥砂浆强度检测，有防水要求的地面蓄水试验、泼水试验等。

2. 外墙饰面砖粘结强度试验包括哪些内容?

答:(1)饰面砖粘结强度进行复验

带饰面砖的预制墙板进入施工现场后,应对饰面砖的粘结强度进行复验。复验应以每 1000m² 同类带饰面砖的预制墙板为一个检验批,不足 1000m² 应按 1000m² 计,每批应取一组,每组应为 3 块板,每块板应取 1 个试样对饰面砖粘结强度进行试验。

(2)现场粘贴外墙砖应符合下列要求

1)施工前应对饰面砖样板件粘结强度进行检验。监理单位应从粘贴外墙砖的施工人员中随机抽选一人,在每组类型的基层上应各粘贴至少 1m² 饰面砖样板件,每种类型的样板应各制取一组 3 个饰面砖粘结强度试样。应按饰面砖样板件粘结强度合格后的粘结配合比和施工工艺严格控制施工过程。

2)现场粘结的外墙饰面砖工程完工后,应对饰面砖粘结强度进行检验。现场饰面砖粘结强度应以 1000m² 同类墙体饰面砖为一个检验批,不足 1000m² 应按 1000m² 计,每批应取一组,每组应为 3 个试样,每相邻的三个楼层应至少取一组试样,试样应随机抽取,取样间距不得小于 500mm。

(3)粘结强度检验评定

1)现场粘结非同类饰面材砖,当一组试样均符合下列两项指标要求时,其粘结强度应定为合格;当一组试样均不符合下列两项指标要求时,其粘结强度定为不合格;当一组试样只符合下列两项指标中的一项要求时,则该饰面砖粘结强度应定为合格。

① 每组试样平均粘结强度不应小于 0.4MPa;

② 每组可有一个试样的粘结强度小于 0.4MPa,但不应小于 0.3MPa。

2)带饰面砖的预制墙板,当每一组试样均符合下列两项指标要求时,其粘结强度应定为合格;当一组试样均不符合下列两项指标要求时,其粘结强度应定为不合格;当一组试样只符合下

184

列两项指标中的一项要求时，应在该组试样原取样区域内重新抽取两组试样检验，若检验结果仍有一项不符合下列指标要求时，则改组饰面粘结强度应定为不合格：

① 每组试样平均粘结强度不应小于 0.6MPa；

② 每组可有一个试样的粘结强度小于 0.64MPa，但不应小于 0.43MPa。

3. 饰面板后置埋件的现场拉拔强度试验包括哪些内容？

答：混凝土结构后锚固工程质量应进行抗拔承载力现场试验。锚栓抗拔承载力现场检验可分为非破坏性和破坏性检验。对一般结构构件及非结构构件，可采用非破坏性检验；对于重要结构构件及生命线工程非结构构件，应采取破坏性检验。

（1）试件选取

同规格、该型号、基本相同部位的锚栓组成一个检验批。抽取数量按每批锚栓总数的 1% 计算，且不少于 3 根。

（2）检验结果判定

非破坏性检验荷载下，以混凝土基材无裂缝、锚栓或植筋无滑移等宏观裂损现象，且 2min 持荷期间荷载降低≤5% 时为合格。当破坏性检验为不合格时，应另抽不少于 3 个锚栓作破坏性检验判断。

4. 建筑门窗气密性、水密性、抗风压性能现场检测包括哪些内容？

答：（1）试件数量

相同类型、结构及规格尺寸的试件，应至少检测三樘。

（2）气密性能

采用在标准状态下，压力差为 10Pa 时的单位开启缝长空气渗透量 q_1 和单位面积空气渗透量 q_2 作为分级指标。建筑外门窗气密性能分级表如表 3-1 所示。

建筑外门窗气密性能分级表							表 3-1	
分 级	1	2	3	4	5	6	7	8
单位长度分级指标 $q_1/[\mathrm{m^3/(m \cdot h)}]$	$4.0 \geqslant q_1 > 3.5$	$3.5 \geqslant q_1 > 3.0$	$3.0 \geqslant q_1 > 2.5$	$2.5 \geqslant q_1 > 2.0$	$2.0 \geqslant q_1 > 1.5$	$1.5 \geqslant q_1 > 1.0$	$1.0 \geqslant q_1 > 0.5$	$q_1 \leqslant 0.5$
单位长度分级指标 $q_2/[\mathrm{m^3/(m \cdot h)}]$	$12 \geqslant q_2 > 10.5$	$10.5 \geqslant q_2 > 9.0$	$9.0 \geqslant q_2 > 7.5$	$7.5 \geqslant q_2 > 6.0$	$6.0 \geqslant q_2 > 4.5$	$4.5 \geqslant q_2 > 3.0$	$3.0 \geqslant q_2 > 1.5$	$q_2 \leqslant 1.5$

（3）水密性能

采用严重渗透压力差值的前一级压力差值 ΔP 作为分级标准。分级指标值的分级如表 3-2 所示。

建筑外门窗水密性能分级表（单位：Pa）						表 3-2
分 级	1	2	3	4	5	6
分级指标 ΔP	$100 \leqslant \Delta P < 150$	$150 \leqslant \Delta P < 250$	$250 \leqslant \Delta P < 300$	$350 \leqslant \Delta P < 500$	$500 \leqslant \Delta P < 700$	$\Delta P \geqslant 700$
备注	第 6 级应在分级后同时注明具体检测压力差					

（4）抗风压性能

采用定级检测压力差 P_3 作为分级指标。分级指标 P_3 的分级如表 3-3 所示。

建筑外门窗抗风压性能分级表（单位：kPa）								表 3-3	
分 级	1	2	3	4	5	6	7	8	9
分级指标 P_3	$1.0 \leqslant P_3 < 1.5$	$1.5 \leqslant P_3 < 2.0$	$2.0 \leqslant P_3 < 2.5$	$2.5 \leqslant P_3 < 3.0$	$3.0 \leqslant P_3 < 3.5$	$3.5 \leqslant P_3 < 4.0$	$4.0 \leqslant P_3 < 4.5$	$4.5 \leqslant P_3 < 5.0$	$P_3 \geqslant 5.0$
备注	第 9 级应在分级后同时注明具体检测压力差值								

5. 水泥混凝土和水泥砂浆强度检验方法是什么？

答：检验同一施工批次、同一配合比水泥混凝土和水泥砂浆强度的试块，应按每一层（或检验批）建筑地面工程不少于 1 组。当每一层（或检验批）建筑地面面积低于 1000m² 时，每增加 1000m² 应增加 1 组试块；小于 1000m² 按 1000m² 计算，取样 1 组；检验同一施工批次、同一配合比的散水、明沟、踏步、台阶、坡道的水泥混凝土、水泥砂浆强度的试块，应按每 150 延长米不少于 1 组。强度等级应符合设计要求。

第六节 装饰装修工程质量问题的分析、预防及处理方法

1. 施工质量问题产生的原因有哪些方面？

答：施工质量问题产生的原因大致可以分为以下四类：

（1）技术原因

由于工程项目设计、施工技术上的实失误所造成的质量问题。例如，结构设计时由于地勘资料的不准确、不完整，以至于设计与地下实际情况差异较大，施工单位准备采用的施工方法和手段不能正常采用和发挥作用等。

（2）管理原因

由于管理上的不完善和疏忽造成的工程质量问题。例如，施工单位或监理单位质量管理体系不完善，检验制度不严密，质量控制不严格，质量管理措施落实不力，检测仪器管理不善而失准，以及材料检验不严格等原因引起的质量问题。

（3）社会、经济原因

由于经济因素及社会上存在的弊端和不正之风，造成建设中的错误行为，而导致出现质量问题。例如，施工企业采取了恶性竞争手段以不合理的低价中标，项目实施中为了减少损失或赢得高额利润而采取的不正当手段组织施工，如降低材料质量等级、偷工减料等原因造成工程质量达不到设计要求等。

（4）人为的原因和自然灾害原因

由于人为的设备事故、安全事故，导致连带发生质量问题，以及严重的自然灾害等不可抗力造成的质量问题。例如。由于混凝土振动器出现问题，导致混凝土振捣密实程度和均匀程度达不

到设计要求而引起的质量问题；如突发风暴引起的工程质量问题等。

2. 施工质量问题处理的程序和方法各是什么？

答：（1）施工质量问题的处理的一般程序

施工质量问题的处理的一般程序为：

发生质量问题→问题调查→原因分析→处理方案→设计施工→检查验收→结论→提交处理报告。

（2）施工质量问题处理的方法

1）施工质量问题发生后，施工项目负责人应按规定的时间和程序，及时向企业报告状况，积极组织调查。调查应力求及时、客观、全面，以便为分析处理问题提供正确的依据。要将调查结果整理撰写为调查报告，其主要内容包括：工程概况；问题概括；问题发生所采取的临时防护措施；调查中的有关数据、资料；问题原因分析与初步判断；问题处理的建议方案与措施；问题涉及人员与主要责任者的情况等。

2）施工质量问题的原因分析要建立在调查的基础上，避免情况不明就主观推断原因。特别是对涉及勘察、设计、施工、材料和管理等方面的质量问题，往往原因错综复杂，因此，必须对调查所得到的数据、资料进行仔细的分析，去伪存真，找出主要原因。

3）处理方案要建立在原因分析的基础上，并广泛听取专家及有关方面的意见，经科学论证，决定是否进行处理和怎样处理。在制定处理方案时，应做到安全可靠。技术可行，不留隐患，经济合理，具有可操作性，满足建筑功能和使用要求。

（3）施工质量问题处理的鉴定验收

质量问题的处理是否达到预期的目的，是否依然存在隐患，应当通过检查鉴定做出确认。质量问题处理时的质量检查鉴定，应严格按施工质量验收规范和相关的质量标准的规定进行，必要时还要通过实际测量、试验和仪器检测等方面获得必要的数据，以便正确地对事故处理结果作出鉴定。此外需要强调的是施工质量问题处理中应注意的价格问题。

3. 施工质量问题如何分类及识别？

答：（1）施工质量问题基本概念

1）质量不合格。根据《质量管理体系　要求》GB/T 19001—2008 的规定，凡工程产品没有满足某个预期使用要求或合理的期望（包括安全性方面）要求，称为质量缺陷。

2）质量问题。凡是工程质量不合格，必须进行返修、加固或报废处理，由此造成直接经济损失低于规定限额的称为质量问题。

3）质量事故。凡是工程质量不合格，必须进行返修、加固或报废处理，由此造成直接经济损失在限额以上的称为质量事故。

（2）质量问题分类

由于施工质量问题具有复杂性、严重性、可变性和多发性的特点，所以建设工程施工质量问题的分类有多种分法，通常按以下条件分类。

1）按问题责任分类

① 指导责任。由于工程实施指导或领导失误而造成的质量问题。例如，由于工程负责人错误指令，导致某些工序质量下降出现的质量问题等。

② 操作责任。在施工过程中，由于实际操作者不按规程和标准实施操作而造成的质量问题。例如，在浇筑混凝土时由于振捣疏忽有漏振情况发生造成混凝土质量不符合规范要求等。

③ 自然灾害。由于突发的自然灾害和不可抗力造成的质量问题。例如地震、台风、暴雨、大洪水等对工程实体造成的损坏。

2）按质量问题产生的原因分类

① 技术原因引发的质量问题。在工程项目实施中，由于设

计、施工技术上的失误而造成的质量问题。

② 管理原因引发的质量问题。管理上的不完善或失误引发的质量问题。

③ 社会、经济原因引发的质量问题。由于经济因素及社会上存在的弊端和不正之风引起建设中错误行为，而导致出现质量问题。

（3）质量问题的识别

根据相关分部分项工程或检验批的质量评定标准和质量验收规范，对相应的施工工作内容进行检验和验收，结合施工过程中的观察和收集的资料以及隐蔽工程验收记录等对需要检查验收的工程内容，与设计要求、规范规定和规程所列的标准和要求进行对比，发现质量问题的种类、严重性程度和数量，依据国家规范、评定标准的要求进行评判，识别确定质量问题的性质和类别。

4. 工程质量事故常见的成因是什么？

答：（1）违背建设程序；

（2）违反法规行为；

（3）地质勘查失误；

（4）有排水要求的部位应做滴水线（槽），滴水线（槽）应整齐顺直，滴水线应外高内低，滴水线、滴水槽的宽度应不小于50mm。

5. 怎样识别门窗工程安装中的质量缺陷？怎样处理？

答：（1）木门窗玻璃装完后松动或不平整

1）原因分析

① 裁口内的胶渍、灰砂颗粒、木屑渣等未清除干净。

② 未铺垫底油灰，或底油灰厚薄不均、漏铺；或铺底油灰后，未及时安装玻璃，底油灰已结硬失去作用。

③ 玻璃裁制的尺寸偏小，影响钉子（或卡子）钉牢。

190

④ 钉子钉入数量不足或钉子没有贴紧玻璃，出现浮钉，不起作用。

2）防治措施

① 必须将裁口上的一切杂物事先清扫干净。

② 裁口内铺垫的底油灰厚薄应均匀一致，不得漏铺。发现底油灰结硬或冻结必须清除，重新铺垫后，及时将玻璃安装好。为防止冬期施工底油灰冻结，可适当掺加一些防冻剂或酒精。

③ 玻璃尺寸按设计裁割，且保证玻璃每边镶入裁口应不少于裁口的 3/4。禁止使用窄小玻璃安装。

④ 保证钉子数量每边不少于 1 颗；但边长若超过 40cm，至少钉两颗，间距不得大于 20cm。钉帽应贴紧玻璃表面，且垂直钉牢。

⑤ 当出现安好的玻璃有不平整、不牢固的现象，程度轻微时，可以挤入底油灰，达到不松动即可；严重松动、不平整的应拆掉玻璃，重新安装。

（2）铝合金、塑料门窗玻璃放偏（不在槽口中）或放斜

1）原因分析

铝合金和塑料门窗槽口宽度较宽；槽口内杂物未清除净；安装玻璃时一头靠里一头放斜，未认真操作。

2）防治措施

① 安放玻璃前，应清除槽口内灰浆等杂物，特别是排水孔，不得阻塞。

② 安装玻璃时，认真对中，对正，首先保证一层间隙不少于 2mm。

③ 玻璃应随安随固定，以免校正后位移和不安全。

④ 加强技术培训和质量管理。

6. 怎样识别木龙骨吊顶工程中常见的质量缺陷？怎样进行处理？

答：吊顶格栅装钉后，其下表面的拱度不均匀，不平整，严

重者成波浪形；其次，吊顶格栅周边或四角不平；还有的吊顶完工后，只经过短期使用，产生凹凸变形等质量问题。

1）原因分析

① 吊顶格栅材质不好，变形大，不顺直、有硬弯，施工中又难于调直；木材含水率过大，在施工中或交工后产生收缩翘曲变形。

② 不按规程操作，施工中吊顶格栅四周墙面上不弹平线或平线不准，中间不按平线起拱，造成拱度不匀。

③ 吊杆或吊筋间距过大，吊顶格栅的拱度不易调匀。同时，受力后易产生挠度，造成凹凸不平。

④ 受力节点结合不严，受力后产生位移变形。

2）防治措施

① 吊顶应选用比较干燥的松木、杉木等软质木材，并防止受潮或烈日暴晒；不宜用桦木、柞木等硬质木材。

② 吊顶格栅装钉前，应按设计标高在四周墙壁上弹线找平；装钉时，四周以平线为准，中间按平线起拱，起拱高度应为房间短向跨度的 1/200，纵横拱度均应吊匀。

③ 格栅及吊顶格栅的间距、断面尺寸应符合设计要求；木料应顺直，如有硬弯，应在硬弯处锯断，调直后再用双面夹板连接牢固；木料在两吊点间如稍有弯度，弯度应向上。

④ 各受力节点必须装钉严密、牢固，符合质量要求。

⑤ 吊顶内应设置通风窗，使木骨架处于干燥环境中；室内抹灰时，应将吊顶人孔封住，待墙面干后，再将人孔打开通风，使吊顶保持干燥环境。

⑥ 如吊顶格栅拱度不匀，局部超差较大，可利用吊杆或吊筋螺栓把拱度调匀。

⑦ 如吊筋未加垫板，应及时安设垫板，并把吊顶格栅的拱度调匀；如吊筋太短，可用电焊将螺栓加长，并重新安好垫板、螺母，再把吊顶格栅拱度调匀。

⑧ 凡吊杆被钉劈裂而节点松动处，必须将劈裂的吊杆换掉。

7. 怎样识别铝合金龙骨不顺直质量缺陷？怎样进行处理？

答：铝合金主龙骨、次龙骨纵横方向线条不平直；吊顶造型不对称、罩面板布局不合理。

（1）原因分析

1）主龙骨、次龙骨受扭折，虽经修整，仍不平直。

2）挂铅线或镀锌铁丝位置不正确，拉挂力不均匀。

3）未拉通线全面调整主龙骨、次龙骨的高低位置。

4）测吊顶的水平线误差超差，中间平线起拱度不符合规定。

（2）防治措施

1）凡是受扭的主龙骨、次龙骨一律不得采用。

2）挂铅线的钉位，应按龙骨的走向每间隔 1.2m 射一枚钢钉。

3）一定要拉通线，逐条调整龙骨的高低位置和线条平直。

4）四周墙面的水平线应测量正确，中间平线起拱度 1/200～1/300。

8. 怎样识别纤维板和胶合板吊顶装订后的质量缺陷？怎样进行处理？

答：（1）原因分析

1）纤维板和胶合板，在使用中要吸收空气中的水分，特别是纤维板不是均质材料，各部分吸湿长度差异大，故容易产生凹凸变形；装订板块时，板块接头未留空隙，吸湿膨胀后没有收缩余地，会使变形程度更为严重。

2）板块较大，没有使板块与吊顶搁栅全部贴紧，又从四角或四周向中心排钉装订，板块内储存有应力，致使板块凸凹变形。

3）吊顶搁栅分格过大，板块易产生挠度和变形。

（2）防治措施

1）宜选用优质板材，以保证吊顶质量。胶合板宜选用 5 层以上的胶合板；纤维板宜选用硬质纤维板。

2）轻质板块宜用小齿锯截成小块装钉。装钉时必须由中间向两端排钉，以免板块内产生应力而凹凸变形。板块接头接缝必须留 3～6mm 的间隙，以减轻板块膨胀时的变形程度。

3）用纤维板、胶合板吊顶时，其吊顶搁栅的分格间距不宜超过 450mm，否则，中间应加一根 25mm×40mm 的小搁栅，以防板块中间下挠。

4）合理安排工序。如室内湿度较大，宜先装钉吊顶木龙骨，然后进行室内抹灰，待抹灰干燥后再装钉吊顶面层。但施工时应注意周边的吊顶搁栅应离开墙面 20～30mm（即抹灰层厚度），以便在墙面抹灰后装钉吊顶面板及压条。

5）若有个别板块变形过大时，可由人孔进入吊顶内，补加一根 25mm×40mm 的小格栅，然后在下面将板块钉平。

9. 怎样识别外墙面砖工程中的质量缺陷？怎样进行处理？

答：（1）原因分析

1）由于贴面砖的墙饰面层自重大，使底子灰与基层之间产生较大的剪应力，粘贴层与底子灰之间也有较小的剪应力，如果再加上基层表面偏差较大，基层处理或施工操作不当，各层之间的粘结强度又差，面层即产生空鼓，甚至从建筑物上脱落。

2）砂浆配合比不准，稠度控制不好，砂子中含泥量过大，在同一施工面上，采用不同的配合比砂浆，引起不同的干缩率而开裂、空鼓。

3）饰面层各层长期受大气温度的影响，由表面到基层的温度梯度和热胀冷缩，在各层间也会产生应力，引起空鼓；如果面砖粘贴砂浆不饱满，面砖勾缝不严实，雨水渗透进去后受冻膨胀，也易引起空鼓、脱落。

（2）防治措施

1）在结构施工时，外墙应尽可能按清水墙标准，做到平整垂直，为饰面施工创造条件。

2）面砖在使用前，必须清洗干净，并隔夜用水浸泡，晾干后（外干内湿）才能使用。使用未浸泡的干砖，表面有积灰，砂浆不易粘结，而且由于面砖吸水性强，把砂浆中的水分很快吸收掉，使砂浆与砖的粘结力大为降低；若面砖浸泡后没有晾干，湿面砖表面附水，使贴面砖产生浮动。都能导致面砖空鼓。

3）粘贴面砖砂浆要饱满，但使用砂浆过多，面砖又不易贴平；如果多敲，会造成浆水集中到面砖底部或溢出，收水后形成空鼓，特别在垛子、阳角处贴面砖时更应注意，否则容易产生阳角处不平直和空鼓，导致面砖脱落。

4）面砖粘贴过程中，宜做到一次成活，不宜移动，尤其是砂浆收水后再纠偏挪动，最容易引起空鼓。粘贴砂浆一般可采用1：0.2：2混合砂浆，并做到配合比准确，砂浆在使用过程中，更不要随便掺水和加灰。

5）做好勾缝。勾缝用1：1水泥砂浆，砂过筛；分两次进行，头一遍用一般水泥砂浆勾缝，第二遍按设计要求的色彩配制带色水泥砂浆，勾成凹缝，凹进面砖深度约3mm。相邻面砖不留缝的拼缝处，应用同面砖相同颜色的水泥浆擦缝，擦缝时对面砖上的残浆必须及时清除，不留痕迹。

10. 怎样识别陶瓷锦砖饰面工程中的质量缺陷？怎样进行处理？

答：（1）原因分析

1）陶瓷锦砖粘贴时，粘结层砂浆厚度小（3～4mm），对基层处理和抹灰质量要求均很严格，如底子灰表面平整和阴阳角稍有偏差，粘贴面层时就不易调整找平，产生表面不平整现象。如果增加粘贴砂浆厚度来找平，则陶瓷锦砖粘贴后，表面不易拍平，同样会产生墙面不平整。

2）施工前，没有按照设计图纸尺寸核对结构施工实际情况，进行排砖、分格和绘制大样图，抹底子灰时，各部位挂线找规矩不够，造成尺寸不准，引起分格缝不均匀。

3）陶瓷锦砖粘贴揭纸后，没有及时对砖缝进行检查和认真拨正调直。

（2）防治措施

1）施工前应对照设计图纸尺寸，核实结构实际偏差情况，根据排砖模数和分格要求，绘制出施工大样图并加工好分格条，事先选好砖，裁好规格，编上号，便于粘贴时对号入座。

2）按照施工大样图，对各窗间墙、砖垛等处要先测好中心线、水平线和阴阳角垂直线，贴好灰饼，对不符合要求、偏差较大的部位，要预先剔凿或修补，以作为安窗框、做窗台，腰线等的依据，防止在窗口、窗台、腰线、砖垛等部位，发生分格缝留不均匀或阳角处出现不够整砖的情况。抹底子灰要求确保平整，阴阳角要垂直方正，抹完后立即划毛，并注意养护。

3）在养护完的底子灰上，根据大样图从上到下弹出若干水平线，在阴阳角处、窗口处弹上垂直线，以作为粘贴陶瓷锦砖时控制的标准线。

4）粘贴陶瓷锦砖时，根据已弹好的水平线稳好平尺板，刷素水泥浆结合层一遍，随铺 2～3mm 厚粘结砂浆，同时将若干张裁好规格的陶瓷锦砖铺放在特制木板上，底面朝上，缝里撒入 1：2 水泥干砂面，刷净表面浮砂后，薄薄涂上一层粘结砂浆，然后逐张提起，从平尺板上口，由下往上随即往墙上粘贴，每张之间缝要对齐，贴一组后，将分格条放在上口，重复上述次序，继续往上粘贴。

5）陶瓷锦砖粘贴后，随即将拍板靠放在已贴好的面层上，用小锤敲击拍板，满敲均匀使面层粘结牢固、平整，然后刷水将护纸揭去，检查陶瓷锦砖分缝平直、大小等情况，将弯扭的缝用开刀拨正调直，再用小锤拍板拍平一遍，以达到表面平整为止。

11. 怎样识别大理石墙、柱面饰面工程中的质量缺陷？怎样进行处理？

答：大理石墙、柱面饰面接缝不平、板面纹理不顺、色泽不匀墙、柱面镶贴大理石板后，板与板之间接缝粗糙不平，花纹横竖突变不通顺，色泽深浅不匀。

（1）原因分析

基层处理不符合质量要求；对板材质量的检验不严格；镶贴前试拼不认真；施工操作不当，特别是分次灌浆时，灌浆高度过高。

（2）防治措施

1）镶贴前先检查墙、柱面的垂直平整情况，超过规定的偏差应事先剔除或补齐，使基层到大理石板面距离不小于5cm，并将墙、柱面清刷干净，浇水。镶贴前在墙、柱面弹线，找好规矩。大理石墙面要在每个分格或较大的面积上弹出中心线，水平通线，在地面上弹出大理石板面线；大理石柱子应先测量出柱子中心线，柱与柱之间水平通线，并弹出柱子大理石柱面线。

2）事先将有缺边掉角、裂纹和局部污染变色的大理石板材挑出，再进行套方检查，规格尺寸超过规定偏差，应磨边修正，阳角处用的大理石板，如背面是大于45°的斜面，还应剔凿磨平至符合要求才能使用。

3）按照墙、柱面的弹线进行大理石板试拼，对好颜色、调整花纹，使板与板之间上下左右纹理通顺，颜色协调，缝子平直均匀，试拼后，由上至下逐块编写镶贴顺序号，再对号镶贴。

4）镶贴小规格块材时，可采用粘贴方法；大规格板材（边长大于40mm）或镶贴高度大于1m时，须使用安装方法。按照设计要求，事先在基层上绑扎好钢筋网，与结构预埋铁件连接牢固，块材上下两侧面两端各用钻头打成5mm圆孔，穿上铜丝或镀锌铁丝，把块材绑扎在钢筋网上。安装顺序是按照事先找好的中心线、水平通线和墙（柱）面线进行的试拼编号，在最下一行两头用块材找平找直，拉上横线，再从中间或一端开始安装，并随时用托线板靠平靠直，保证板与板交接处四角平整，待第一行大理石板块安装完后，用木楔固定；再在表面横竖接缝处，每隔10～15mm用石膏浆（石膏粉掺20%的水泥后用水拌成）临时粘结固定，以防移动，缝隙用纸堵严。较大的板材固定时还要加支撑。

5）待石膏浆凝固后，用1：2.5水泥砂浆（厚度一般为8～12mm）分层灌注，每次灌注不宜过高，否则容易使大理石板膨胀外移，造成饰面不平。第一层灌注高度约为15mm，且不得超过板高1/3，灌浆时动作要轻，把浆徐徐倒入石板内侧缝中。第一层灌浆后1～2形式待砂浆凝结时，先检查石板是否移动，如有外移错位，不符合要求时，应拆除重新安装。第二层灌注高度约10cm，达石板高度1/2处。第三层灌注至板口下约5cm，为上行石板安装后灌浆的结合层。最后一层砂浆终凝后，将上口固定木楔轻轻移动拔出，并清理净上口，依次逐行往上镶贴，直至顶部。

12. 怎样识别大理石墙面腐蚀、空鼓脱落的质量缺陷？怎样进行处理？

答：大理石墙面腐蚀、空鼓脱落大理石用于室外墙、柱面，经5～10年后，表面逐渐变色、褪色和失去光泽，变得粗糙，并产生麻点、开裂和剥落等腐蚀现象，严重时还出现空鼓脱落。

（1）原因分析

大理石是一种变质岩，主要成分为碳酸钙，约占50％以上，杂质其他成分则呈不同的颜色和光泽，例如白色碳酸钙、碳酸镁；紫色含锰，黑色含碳或沥青质，绿色含钴化物，黄色含铬化物；红褐色、紫色、棕黄色含锰及氧化铁水化物等。大理石中一般都含有许多矿物和杂质，在风霜雨雪、日晒下，容易变色和褪色。如空气中的二氧化硫，遇到水气时能生成亚硫酸，然后变为硫酸，与大理石中的碳酸钙发生反应，在大理石表面生成石膏。石膏易溶于水，且硬度低，使磨光的大理石表面逐渐失去光泽，变得粗糙，产生麻点、开裂和剥落。

（2）防治措施

1）大理石不宜用作室外墙、柱饰面，特别不宜在工业区附近的建筑物上采用，个别工程需用作外墙面时，应事先进行品种选择，挑选品质纯、杂质少、耐风化及耐腐蚀的大理石。

2) 室外大理石墙面压顶部位，要认真处理，保证基层不渗透水。操作时，横竖接缝必须严密，灌浆饱满，每块大理石板与基层钢筋网连接应不少于四点。设计时尽可能在顶部加罩，以防止大理石墙面直接受到雨淋日晒，延长使用寿命。

3) 将空鼓脱落的大理石板拆下，重新安装镶贴。但这种做法施工麻烦，修理费高，且修后的新旧板材面光泽、颜色及花纹都难以达到一致。

13. 怎样识别水泥砂浆地面起砂质量缺陷？怎样进行处理？

答：(1) 现象及成因分析

地面表面粗糙，颜色发白，不坚实。走动后，表面先有松散的水泥灰，用手摸时像干水泥面。随着走动次数的增多，砂粒逐渐松动或有成片水泥硬壳剥落，露出松散的水泥和砂子。

(2) 治理措施

1) 小面积起砂且不严重时，可用磨石将起砂部分水磨，直至露出坚硬的表面。也可以用纯水泥浆罩面的方法进行修补，其操作顺序是：清理基层→充分冲洗湿润→铺设纯水泥浆（或撒干水泥面）1～2mm→压光 2～3 遍→养护。如表面不光滑，还可水磨一遍。

2) 大面积起砂，可用 108 胶水泥浆修补，具体操作方法和注意事项如下：

① 用钢丝刷将起砂部分的浮砂清除掉，并用清水冲洗干净。地面如有裂缝或明显的凹痕时，先用水泥拌合少量的 108 胶制成的腻子嵌补。

② 用 108 胶加水（约一倍水）搅拌均匀后，涂刷地面表面，以增强 108 胶水泥浆与面层的粘结力。

③ 108 胶水泥浆应分层涂抹，每层涂抹约 0.5mm 厚为宜，一般应涂抹 3～4 遍，总厚度为 2mm 左右。底层胶浆的配合比可用水泥：108 胶：水＝1：0.25：0.35（如掺入水泥用量的 3%～

4%的矿物颜料，则可做成彩色108胶水泥浆地面)，搅拌均匀后涂抹于经过处理的地面上。操作时可用刮板刮平，底层一般涂抹1～2遍。面层胶浆的配合比可用水泥：108胶：水＝1：0.2：0.45（如做彩色108胶水泥浆地面时，颜料掺量同上)，一般涂抹2～3遍。

④ 当室内气温低于10℃时，108胶将变稠甚至会结冻。施工时应提高室温，使其自然融化后再行配制，不宜直接用火烤加温或加热水的方法解冻。108胶水泥浆不宜在低温下施工。

⑤ 108胶掺入水泥（砂）浆后，有缓凝和降低强度的作用。试验证明，随着108胶掺量的增多，水泥（砂）浆的粘结力也增加，但强度则逐渐下降。108胶的合理掺量应控制在水泥重量的20%左右。另外，结块的水泥和颜料不得使用。

⑥ 涂抹后按照水泥地面的养护方法进行养护，2～3d后，用细砂轮或油石轻轻将抹痕磨去，然后上蜡一遍，即可使用。

3) 对于严重起砂的水泥地面，应作翻修处理，将面层全部剔除掉，清除浮砂，用清水冲洗干净。铺设面层前，凿毛的表面应保持湿润，并刷一度水灰比为0.4～0.5的素水泥浆（可掺入适量的108胶)，以增强其粘结力，然后用1：2水泥砂浆另铺设一层面层，严格做到随刷浆随铺设面层。面层铺设后，应认真做好压光和养护工作。

14. 怎样识别楼地面面层不规则裂缝质量缺陷？怎样进行处理？

答：(1) 现象

预制板楼地面或现浇板楼地面上都会出现这种不规则裂缝，有的表面裂缝，也有连底裂缝，位置和形状不固定。

(2) 治理

对楼地面产生的不规则裂缝，由于造成原因比较复杂，所以在修补前，应先进行调查研究，分析产生裂缝的原因，然后再进行处理。对于尚在继续开展的"活裂缝"，如为了避免水或其他液体渗过楼板而造成危害，可采用柔性材料（如沥青胶泥、嵌缝油膏等）作裂缝封闭处理。对于已经稳定的裂缝，则应根据裂缝的严重程度作如下处理：

1）裂缝细微，无空鼓现象，且地面无液体流淌时，一般可不作处理。

2）裂缝宽度在 0.5mm 以上时，可做水泥浆封闭处理，先将裂缝内的灰尘冲洗干净，晾干后，用纯水泥浆（可适量掺些108 胶）嵌缝。嵌缝后加强养护，常温下养护 3d 然后用细砂轮在裂缝处轻轻磨平。

3）如裂缝涉及结构受力时，则应根据使用情况，结合结构加固一并进行处理。

4）如裂缝与空鼓同时产生时，则可参照以下方法进行处理：

① 如裂缝较细，楼面又无水或其他液体流淌时，一般可不作修补。如裂缝较粗，或虽裂缝较细，但楼面经常有水或其他液体流淌时，则应进行修补。

② 当房间外观质量要求不高时，可用凿子凿成一条浅槽后，用屋面用胶泥（或油膏）嵌补。凿槽应整齐，宽约 10mm 深约20mm。嵌缝前应将缝清理干净，胶泥应填补平、实。

③ 如房间外观质量要求较高，则可顺裂缝方向凿除部分面层（有找平层时一起凿除），底面适量凿毛、宽度 1000～1500mm，用不低于 C20 的细石混凝土填补，并增设钢筋网片。

15. 怎样识别预制水磨石、大理石地面空鼓质量缺陷？怎样进行处理？

答：预制水磨石、大理石地面接缝不平、缝不匀板材地面铺设，往往会在门口与楼道相接处出现接缝不平，或纵横方向缝不匀。

（1）原因分析

1）板块材料本身有厚薄、宽窄、窜角、翘曲等缺陷，事先挑选又不严格，造成铺设后接缝处不平、不匀现象。

2）各个房间内水平标高线不一致，使之与楼道相接的门口处出现地面高低偏差。

3）板块铺设后，成品保护不好，在养护期内过早上人，板缝也易出现高低差。

4）拉线或弹线误差过大，造成缝不匀。

（2）防治措施

1）应由专人负责从楼道统一往各房间内引进标高线，房间内应四边取中，在地面上弹出十字线（或在地面标高处拉好十字线）。铺贴时，应先安放好十字线交叉处最中间的一块板材作为标准；若以十字线为中缝时，也可在十字线交叉点对角处安设两块标准块。标准块为整个房间的水平标准及经纬标准，应用$90°$角尺及水平尺仔细校正。

2）从标准块向两侧和后退方向顺序铺贴，并注意随时用水平尺和直尺找准。缝子必须通长拉线，不能有偏差；铺设前分段分块尺寸要事先排好定死，以免产生游缝、缝子不匀和最后一块铺不下或缝子过大的现象。

3）板材应事先用垂尺检查，对有翘曲、拱背、宽窄不方正等缺陷的板挑出不用，或在试铺时认真调整，用在适当部位。

16. 怎样识别现浇水磨石地面分格显露不清质量缺陷？怎样进行处理？

答：（1）现象

分格条显露不清，呈一条纯水泥斑带，外形不美观。

（2）原因分析

1）面层水泥石子浆铺设厚度过高，超过分格条较多，使分格条难以磨出。

2）铺好面层后，磨石不及时，水泥石子面层强度过高（亦称"过老"），使分格条难以磨出。

3）第一遍磨光时，所用的磨石号数过大，磨损量过小，不易磨出分格条。

4）磨光时用水量过大，使磨石机的磨石在水中呈飘浮状态，这时磨损量也极小。

（3）预防措施

1）控制面层水泥石子浆的铺设厚度，虚铺高度一般比分格条高出 5mm 为宜，待用滚筒压实后，则比分格条高出约 1mm，第一遍磨完后，分格条就能全部清晰外露。

2）水磨石地面施工前，应准备好一定数量的磨石机。面层施工时，铺设速度应与磨光速度（指第一遍磨光速度）相协调，避免开磨时间过迟。

3）第一遍磨光应用 60～90 号的粗金刚砂磨石，以加大其磨损度。同时磨光时与控制浇水速度，加水量不应过大，使面层保持一定浓度的磨浆水。

17. 怎样识别轻质隔墙施工中的质量缺陷？怎样进行处理？

答：（1）纸面石膏板隔墙板面接缝有痕迹

1）原因分析

石膏板端呈直角，当贴穿孔纸带后，由于纸带厚度，出现明显痕迹。

2）防治措施

生产倒角板是处理好板面接缝的基本条件，订货时提出要求，若生产不是倒角板，还可在现场加工。

（2）石膏板隔墙墙板与结构连接不牢

复合石膏板的这一质量通病，产生原因及防治措施与上述相同；工字龙骨板隔墙的质量通病是：隔墙与主体结构连接不严，但多出现在边龙骨。

1）原因分析

边龙骨预先粘好薄木块，作为主要粘结点，当木块厚度超过龙骨翼缘宽度时，因木块是断续的，因而造成连接不严；龙骨变形也会出现上述情况。

2）防治措施

边龙骨粘木块时，应控制其厚度不得超过龙骨翼缘，同时，边龙骨应经过挑选。安装边龙骨时，翼缘边部顶端应满涂 108 胶水泥砂浆，使之粘结严密。

（3）加气混凝土条板隔墙表面不平整

板材缺棱掉角；接缝有错台，表面凹凸不平超出允许偏差值。

1）原因分析

① 条板不规矩，偏差较大；或在吊运过程中吊具使用不当，损坏板面和棱角。

② 施工工艺不当，安装时不跟线；断板时未锯透就用力断开，造成接触面不平。

③ 安装时用撬棍撬动，防止损坏。

2）防治措施

① 加气混凝土条板在装车、卸车或现场搬运时，应采用专用吊具或用套胶管的钢丝、绳轻吊轻放，并应侧向分层码放，不得平放。

② 条板切割应平整垂直，特别是门窗口边侧必须保持平直；安装前要选板，如有缺棱掉角，应用与加气混凝土材性相近的修补剂进行修补；未经修补的坏板或表面酥松的板不得使用。安装前应在顶板（或梁底）和墙上弹线，并应在地面上放置隔墙位置线，安装时以一面线为准，接缝要求平顺，不得有错台。木板条隔墙与结构或门架固定不牢门框活动。

③ 条板切割应平整垂直，特别是门窗口边侧必须保持平直；安装前要选板，如有缺棱掉角，应用与加气混凝土材性相近的修补剂进行修补；未经修补的坏板或表面酥松的板不得使用。

④ 安装前应在顶板（或梁底）和墙上弹线，并应在地面上放置隔墙位置线，安装时以一面线为准，接缝要求平顺，不得有错台。

（4）木板条隔墙与结构或门架固定不牢

门框活动，隔墙松动，严重者影响使用。

1）原因分析

① 上下槛和立体结构固定不牢；立筋与横撑没有与上下槛形成整体。

② 龙骨不合设计要求。

③ 装时，施工顺序不正确。

④ 门口处下槛被断开后未采取加强措施。

2）防治措施

① 横撑不宜与隔墙立筋垂直，而应倾斜一些，以便调节松紧和钉钉子。其长度应比立筋净空大 10~15mm，两端头按相反方向锯成斜面，以便与立筋连接紧密，增强墙身的整体性和刚度。

② 立筋间距应根据进场板条长度考虑，量材使用，但最大间距不得超过 500mm。

③ 上下槛要与主体结构连接牢固，能伸入结构部分应伸入嵌牢。

④ 选材符合要求，不得有影响使用的瑕疵，断面不应小于 400mm×700mm。

⑤ 正确按施工顺序安装。

⑥ 门口等处应按实际补强，采用加大用料断面，通天立筋卧入楼板锚固等。

18. 怎样识别外墙涂料饰面起鼓、起皮、脱落等施工中的质量缺陷？怎样进行处理？

答：（1）原因分析

1）基层表面不坚实，不干净，受油污、粉尘、浮灰等杂物污染。

2）新抹水泥砂浆基层湿度大，碱性也大，析出结晶粉末而造成起鼓、起皮。

3）基层表面太光滑，腻子强度低，造成涂膜起皮脱落。

（2）防治措施

1）涂刷底釉涂料前，对基层缺陷进行修补平整；刷除表面油污、浮灰。

2）检查基层是否干燥，含水率应小于 10%；新抹水泥砂浆的基层，夏季要养护 7d 以上；冬季养护 14d 以上。现浇混凝土墙面，夏季养护 10d 以上；冬季 20d 以上。

3）外墙过干，施涂前可稍加湿润，然后涂抗碱底漆或封闭底漆。

4）当基层表面太光滑时，要适当敲毛，出现小孔、麻点可用 108 胶水配滑石粉作腻子刮平。

19. 怎样处理外墙涂料花纹不匀、花纹图案大小不一、局部流淌下坠、有明显的接槎等施工中的质量缺陷？

答：（1）原因分析

1）喷涂骨架层时，骨料稠度改变；空压机压力变化过大；喷嘴距基层距离、角度变化及喷涂快慢不匀等都会造成花纹大小不一致。

2）基层局部特别潮湿；局部喷涂时间过长、喷涂量过大及骨料添加不及时，都会造成花纹图案不一致或局部流淌下坠。

3）操作工艺掌握不准确，如斜喷、重复喷，未在分格缝处接槎，随意停喷，或虽然在分格处接槎，但未遮挡、未成活一面溅上部分骨料等，都会造成明显接槎。

（2）防治措施

1）控制好骨料稠度，专人负责搅拌；空压机压力、喷嘴距基层面距离、角度、移动速度等应保持基本一致。

2）基层应干湿一致。如基层表面有明显接槎，须事先修补平整。脚手架与基层面净距不小于 300mm，保证不影响喷嘴垂直对准基面。

3）防止放"空枪"，应有专人加骨料；局部成片出浆、流坠，要及时铲去重喷。

4）喷涂要连续作业，保持工作面"软接槎"，到分格缝处停歇。

5）停歇前，应有专人做好未成活部位的遮挡工作，若已溅上骨料应及时清除。

20. 怎样识别内墙涂料涂层颜色不均匀的质量缺陷并能分析处理？

答：（1）原因分析

1）不是同批涂料，颜料掺量有差异。

2）使用涂料时未搅拌匀或任意加水，使涂料本身颜色深浅不同，造成墙面颜色不均匀。

3）基层材料差异，混凝土或砂浆龄期相差悬殊，湿度、碱度有明显差异。

4）基层处理差异，如光滑程度不一，有明显接槎、有光面、有麻面等差别，涂刷涂料后，由于光影作用，看上去显得墙面颜色深浅不匀。

5）施工接槎未留在分格缝或阴阳角处，造成颜色深浅不一致的现象。

（2）防治措施

1）同一工程，应选购同厂同批涂料；每批涂料的颜料和各种材料配合比例须保持一致。

2）由于涂料易沉淀分层，使用时必须将涂料搅匀，并不得任意加水。确因特殊情况需要加水时，应掌握均匀一致。

3）基层是混凝土时，龄期应在 28d 以上，砂浆可在 M7.5级以上，含水率小于 10%，pH 值在 10 以下。

4）基层表面麻面小孔，应事先修补平整，砂浆修补龄期不少于 3d，若有油污、铁锈、脱模剂等污物时，须先用洗涤剂清洗干净。

5）严格执行操作规程，接槎必须在施工缝或阴阳角处，不得任意停工甩槎。

21. 怎样识别内墙和顶棚涂料涂层色淡易掉粉质量缺陷并能分析处理？

答：涂料涂层干燥后，局部色淡且该处易掉粉末。

（1）原因分析

1）使用涂料时未搅拌均匀。桶内上部料稀，色料上浮，遮盖力差；下面料稠，填料沉淀，色淡，涂刷后易脱粉。

2）涂料质量不合标准，耐水性能不合格。

3）混凝土及砂浆基层龄期短，含水率高，碱度大。

4）施工涂刷时，气温低于涂料最低成膜温度，或涂料未成膜即被水冲洗。

5）涂料加水过多，涂料太稀，成膜不完善。

（2）防治措施

1）基层须干燥，含水率应小于10％（若选用湿墙涂料另作考虑），并清理干净，并作必要的表面处理。若修补找平时，应用水泥砂浆或水泥乳胶腻子。

2）施工气温不宜过低，应在10℃以上，阴雨潮湿天不宜施工。

3）基层材料龄期必须符合有关规定，如混凝土应28d以上；水泥砂浆不少于7d。

4）涂料加水，必须严格按出厂说明要求进行，不得任意加水稀释。

5）根据基层不同，正确选用涂料和配制腻子。如氯偏共聚乳液涂料不能和有机溶剂、石灰水一起使用；过氯乙烯涂料与石膏反应强烈，不能直接涂于石膏腻子基层上等。

22. 怎样识别内墙多彩内墙涂料施工向下流淌及多彩内墙涂料花纹不规则质量缺陷并能分析处理？

答：（1）内墙多彩内墙涂料施工向下流淌

1）原因分析

喷涂涂料太厚，自重较大，涂料不能很好挂住，形成向下流淌的现象。

2）防治措施

① 正确操作，宜先试喷，控制速度、厚薄及喷涂距离等。

② 转角处使用遮盖物，减少两个面互相干扰。

（2）喷涂面花纹紊乱，无规则，影响美观。

1）原因分析

① 喷涂时压力时大时小。

② 喷涂操作工艺掌握不当。

③ 喷涂条件不佳或不足影响。

④ 喷涂过薄，遮盖率达不到标准。

2）防治措施

① 事先检查喷涂设备，保证喷涂压力稳定在 0.25～0.33MPa。

② 正确操作，喷嘴到喷涂面距离为 300～400mm，喷涂速度前后一致，遵守操作规程。

③ 由专人负责，保证脚手架的高度，照明一致，便于操作和观察。

④ 一定的喷涂厚度，保证达到适当的遮盖率。

23. 怎样识别裱糊与软包观察中质量缺陷并进行分析处理?

答：（1）离缝或亏缝

相邻壁纸的连接缝隙超过允许范围称为离纸；壁纸的上口与挂镜线（无挂镜时为弹的水平线），下口与踢脚线连接不严，显露基面称为亏纸。

1）原因分析

① 裁割壁纸未按照量好的尺寸，裁割尺寸偏小。裱糊后出现亏纸；或质量尺寸本身偏小，也会造成亏纸。

② 第一张壁纸裱糊后，在裱糊第二张壁纸时，未连接准确就压实；或虽连接准确，但裱糊操作时赶压底层胶液推力过大而使壁纸伸胀，在干燥过程中产生回缩，造成离缝或亏缝现象。

③ 搭接裱糊壁纸裁割时，接缝处不是一刀裁割到底，而是多次变换刀刃的方向或钢直尺偏移，使壁纸忽胀忽亏，裱糊后亏损部分就出现离缝。

2）防治措施

① 裁割壁纸前，应复核裱糊墙面实际尺寸和需裁壁纸尺寸。直尺压紧壁纸后不得移动，刀刃紧贴尺边，一气呵成，手动均匀，不得中间停顿或变换持刀角度。尤其是裁割已裱糊在墙面上的壁纸时，更不能用力过猛，防止将墙面划出深沟，使刀刃受损，影响再次裁割质量。

② 裁割壁纸一般以上口为准，上下口可比实际尺寸略长10～20mm；花饰壁纸应将上口的花饰全部统一成一种形状，壁纸裱糊后，在上口线和踢脚线上口压尺，分别裁割掉多余部分的壁纸；有条件时，也可只在下口留余量，裱糊完后割掉多余部分。

③ 裱糊前壁纸应先"焖水"，使其受糊后横向伸胀，一般800mm宽的壁纸焖水后约胀出10mm。

④ 裱糊的每一张壁纸都必须与前一张靠紧，争取无缝隙，在赶压胶液时，由拼缝处横向往外赶压胶液和气泡，不准斜向来回赶压或由两侧向中间推挤，应使壁纸对好缝后不再移动，如果出现位移要及时赶回原来位置。

⑤ 出现离缝或亏纸轻微的裱糊工程饰面，可用同壁纸颜色相同的乳胶漆点描在缝隙内，漆膜干燥后可以掩盖；对于稍严重的部位，可用相同的壁纸补贴，不得有痕迹；严重部分宜撕掉重贴。

（2）花饰不对称

有花饰的壁纸裱糊后，两张壁纸的正反面、阴阳面，或者在门窗口的两边、室内对称的柱子、两面对称的墙壁等部位出现裱糊的壁纸花饰不对称现象。

1）原因分析

① 裱糊壁纸前没有区分无花饰和有花饰壁纸的特点，盲目裁割壁纸。

② 在同一张纸上印有正花和反花、阴花和阳花饰，裱糊时未仔细区别，造成相邻壁纸花饰相同。

③ 对要裱糊壁纸的墙面未进行周密的观察研究，门窗口的两边、室内对称的柱子、两面对称的墙，裱糊壁纸的花饰不对称。

2）防治措施

① 壁纸裁割前对于有花饰的壁纸经认真区别后，将上口的花饰全部统一成一种形状，按照实际尺寸留出余量统一裁割。

② 在同一张纸上印有正花和反花、阴花和阳花饰时，要仔细分辨，最好采用搭接法进行裱糊，以避免由于花饰略有差别而误贴。如采用接缝法施工，已裱糊的壁纸边花饰如为正花，必须将第 2 张壁纸边正花饰裁割掉。

③ 对准备裱糊壁纸的房间应观察有无对称部位，若有，应认真设计排列壁纸花饰，先裱糊对称部位，如房间只有中间一个窗户，裱糊在窗户取中心线，并弹好粉线，向两边分贴壁纸，这样壁纸花饰就能对称；如窗户不在中间，为使窗间墙阳角花饰对称，也可以先弹中心线再向两侧裱糊。

④ 对花饰明显不对称的壁纸饰面，应将裱糊的壁纸全部铲除干净，修补好基层，重新按工艺规程裱糊。

（3）壁纸翘边

壁纸翘边是壁纸边沿脱胶离开基层而卷翘的现象。

1）原因分析

① 涂刷胶不均匀、漏刷或胶液过早干燥。

② 基层有灰尘、油污等，或表面粗糙干燥、潮湿，胶液与基层粘结不牢，使纸边翘起。

③ 胶粘剂黏性小，造成纸边翘起，特别是阴角处，第 2 张壁纸粘贴在第 1 张壁纸的塑料面上，更易出现翘起。

④ 阳角处裹过阳角的壁纸宽度小于 20mm，未能克服壁纸的表面张力，也易翘起。

2）防治措施

① 根据不同施工环境温度，基层表面及壁纸品种，选择不同的粘胶剂，并涂刷均匀。

② 基层表面的灰尘、油污等必须清除干净，含水率不得超过 8%。若表面凹凸不平，应先用腻子刮抹平整。

③ 阴角壁纸搭缝时，应先裱糊压在里面的壁纸，再用黏性较大的胶液粘贴面层壁纸，搭接宽度一般不大于 30mm，纸边搭在阴角处，并且保持垂直无毛边。

④ 严禁在明角处甩缝，壁纸裹过阳角应不小于 20mm，包角壁纸必须使用黏性较强的胶液，并要压实，不能有空鼓和气泡，上、下必须垂直，不能倾斜。有花饰的壁纸更应注意花纹与阳角直线的关系。

⑤ 将翘边壁纸翻起来，检查产生翘边原因，属于基层有污物的，待清理后，补刷胶液重新粘牢，属于腔粘剂胶性小的，应换用胶性较大的胶粘剂粘贴；如果壁纸翘边已坚硬，除应使用较强的胶粘剂粘贴外，还应加压，待粘牢平整后，才能去掉压力。

（4）空鼓（气泡）

壁纸表面出现小块凸起，用手指按压时，有弹性和与基层附着不实的感觉，敲击时有鼓音。

1）原因分析

① 裱糊壁纸时，赶压不得当，往返挤压胶液次数过多，使胶液干结失去粘结作用；或赶压力量太小，多余的胶液未能挤出，存留在壁纸内部，长时间不能干结，形成胶囊状；或未将壁纸内部的空气赶出而形成气泡。

② 基层或壁纸底面，涂刷胶液厚薄不匀或漏刷。

③ 基层潮湿，含水率超过有关规定，或表面的灰尘、油污未消除干净。

④ 石膏板表面的纸基起泡或脱落。

⑤ 白灰或其他基层较松软，强度低，裂纹空鼓，或孔洞、凹陷处未用腻子刮平，填补不坚实。

2）防治措施

① 严格按壁纸裱糊工艺操作，必须用刮板由里向外刮抹，将气泡或多余的胶液赶出。

② 裱糊壁纸的基层必须干燥，含水率不超过 8％；有孔洞或凹陷处，必须用石膏腻子或大白粉、滑石粉、乳胶腻子刮抹平整，油污、尘土必须清除干净。

③ 石膏板表面纸基起泡、脱落，必须清除干净，重新修补好纸基。

④ 涂刷胶液必须厚薄均匀一致，绝对要避免漏刷。为了防止胶液不匀，涂刷胶液后，可用刮板刮 1 遍，把多余的胶液回收再用。

⑤ 由于基层含有潮气或空气造成空鼓，应用刀子割开壁纸，将潮气或空气放出，待基层完全干燥或把鼓包内空气排出后，用医用注射针将胶液打入鼓包内压实，使之粘贴牢固。壁纸内含有胶液过多时，可使用医药注射针穿透壁纸层，将胶液吸收后再压实即可。

24. 识别细部工程中的质量缺陷并能进行分析处理？

答：（1）窗帘盒、金属窗帘杆安装

1）窗帘盒安装不平、不正：主要是找位、画尺寸线不认真，预埋件安装不准，调整处理不当。安装前做到画线正确，安装量尺必须使标高一致、中心线准确。

2）窗帘盒两端伸出的长度不一致：主要是窗中心与窗帘盒中心相对不准，操作不认真所致。安装时应核对尺寸使两端长度相同。

3）窗帘轨道脱落：多数由于盖板太薄或螺丝松动造成。一般盖板厚度不宜小于 15mm，薄于 15mm 的盖板应用机螺丝固定窗帘轨。

4）窗帘盒迎面板扭曲：加工时木材干燥不好，入场后存放受潮，安装时应及时刷油漆一遍。

（2）壁柜、吊柜及固定家具安装

1）抹灰面与框不平，造成贴脸板、压缝条不平：主要是因框不垂直，面层平度不一致或抹灰面不垂直。

2）柜框安装不牢：预埋木砖安装时碰活动，固定点少，用钉固定时，要数量够，木砖埋牢固。

3）合页不平，螺丝松动，螺帽不平正，缺螺丝：合页槽深浅不一，安装时螺丝钉打入太长。操作时螺丝打入长度1/3，拧入深度应2/3，不得倾斜。

4）柜框与洞口尺寸误差过大，造成边框与侧墙、顶与上框间缝隙过大，注意结构施工留洞尺寸，严格检查确保洞口尺寸。

（3）开关、插座安装

1）开关、插座的面板不平整，与建筑物表面之间有缝隙，应调整面板后再拧紧固定螺丝，使其紧贴建筑物表面。

2）开关未断相线，插座的相线、零线及地陷压接混乱，应按要求遮盖。

3）多灯房间开关与控制灯具顺序不对应。在接线时应仔细分清各路灯具的导线，依次压接，并保证开关方向一致。

4）固定面板的螺丝不统一（有一字和十字螺丝）、为了美观，应选用统一的螺丝。

5）同一房间的开关、插座的安装高度差超出允许偏差范围，应及时更正。

6）铁管进盒护口脱落或遗漏。安装开关、插座接线时，应注意把护口带好。

7）开关、插座面板已经上好，但盒子过深（大于2.5cm），未加套盒处理，应及时补上。

8）开关、插销箱内拱头接线，应改为鸡爪接导线总头，再分支导线接各开关或插座端头。或者采用安全型压线帽压接总头后，再分支进行导线连接。

25. 墙面抹灰空鼓、裂缝产生的原因是什么？怎样处理？

答：（1）原因分析

1）基层处理不好，清扫不干净，墙面浇水不透或不匀，影响该层砂浆与基层的粘结性能。

2）一次抹灰太厚或各层抹灰层间隔时间太短收缩不匀，或表面撒水泥粉。

3）夏季施工砂浆失水过快或抹灰后没有适当浇水养护以及冬期施工受冻。

（2）防治措施

1）抹灰前，应将基层表面清扫干净，脚手眼等孔洞填堵严实；混凝土墙表面凸出较大的地方应事先剔平刷净；蜂窝、凹洼、缺棱掉角处，应先刷一道 108 胶：水＝1：4 的胶水溶液，再用 1：3 水泥砂浆分层填补；加气混凝土墙面缺棱掉角和板缝处，宜先刷掺水泥重量 20％的 108 胶的素水泥浆一道，再用 1：1：6 混合砂浆修补抹平。基层墙面应于施工前一天浇水，要浇透浇匀，让基层吸足一定的水分，使抹上底子灰后便于用刮杠刮平，搓抹时砂浆以潮湿柔软为宜。

2）表面较光滑的混凝土墙面和加气混凝土墙面：抹灰前宜先涂刷一道 108 胶素水泥浆粘结层，增加与光滑基层的砂浆粘结能力。

3）室外抹灰，一般长度较长（如檐口、勒脚等），高度较高（如柱子、墙垛、窗间墙等），为不显接搓，防止抹灰砂浆收缩开裂，一般需设计分格缝。

4）夏季应避免在日光曝晒下进行抹灰。罩面成活后第二天应浇水养护，并养护 7d 以上。

5）窗台抹灰一般常在窗台中间部位出现一条或多条裂缝，其主要原因是窗口处墙身与窗间墙自重大小不同，传递到基础上的力也就不同，当基础刚度不足时，产生的沉降量就不同，由沉降差使窗台中部位产生负弯矩而导致窗台抹灰裂缝。雨水容易从裂缝中渗透，导致膨胀或冻胀，使抹灰层空鼓，严重时会脱落。要避免窗台抹灰后裂缝问题，除从设计上加强基础刚度，设置地梁、圈梁外，尽可能推迟窗台抹灰时间，使结构沉降稳定后进行。同时加强抹灰层养护，减少收缩。

26. 墙面抹灰接槎有明显抹纹、色泽不均的原因是什么？怎样处理？

答：（1）原因分析

墙面没有分格或分格太大；抹灰留槎位置不正确；罩面灰压光操作方法不当，砂浆原材料不一致，没有统一配料，浇水不均匀。

（2）防治措施

抹面层时要注意接槎部位操作，避免发生高低不平、色泽不一致等现象；接槎位置应留在分格条处或阴阳角、水落管等处；阳角抹灰应用反贴八字尺的方法操作。

室外抹灰面积较大，罩面抹纹不易压密，尤其在阳光下观看，稍有些抹纹就很显眼，影响墙面外观效果，因此室外抹水泥砂浆墙面宜做成毛面，不宜抹成光面。用木抹子搓抹毛面时，要做到轻重一致，先以圆圈形搓抹，然后上下抽拉，方向要一致，不然表面会出现色泽深浅不一、起毛纹等问题。

27. 墙面抹灰层析白的原因是什么？怎样处理？

答：（1）原因分析

水泥在水化过程中产生氢氧化钙，在砂浆硬化前受水浸泡渗聚到抹灰面与空气中二氧化碳化合成白色碳酸钙出现在墙面。在气温低或水灰比大的砂浆抹灰时，析白现象更严重。另外，若选用了不适当的外如剂，也会加重析白产生。

（2）防治措施

1）在保持砂浆流动性条件下掺减水剂来减少砂浆用水量，减少砂浆中的游离水，则减轻了氢氧化钙的游离渗至表面。

2）加分散剂，使氢氧化钙分散均匀，不会成片出现析白现象，而是出现均匀的轻微析白。

3）在低温季节水化过程慢，泌水现象普遍时，适当考虑加入促凝剂以加快硬化速度。

4）选择适宜的外加剂品种。

28. 干粘石饰面空鼓的原因是什么？怎样处理？

答：干粘石饰面空鼓有两种情况：一是底灰与基层（砖墙或其他材料墙）粘结不牢；二是面层与底灰粘结不牢。

（1）原因分析

1）砖墙面灰尘太多或粘在墙面上的灰浆、泥浆等污物未清理干净。

2）混凝土基层表面太光滑或残留的隔离剂未清理干净，混凝土基层表面有空鼓、硬皮等未处理。

3）加气混凝土基层表面粉尘细灰清理不干净，抹灰砂浆强度过高而加气混凝土本身强度较低，二者收缩不一致。

4）施工前基层不浇水或浇水不适当：浇水过多易流，浇水不足易干，浇水不均产生干缩不均，或脱水快而干缩。

5）冬期施工时抹灰层受冻。

（2）防治措施

1）做好基层处理。用钢模生产的混凝土制品基层较光滑并带有隔离剂，宜用10%的火碱水溶液将隔离剂清洗干净，混凝土制品表面的空鼓硬皮应敲掉刷净。

2）施工前必须将混凝土、砖墙、加气混凝土墙等基层表面上的粉尘、泥浆等污染物清理干净。

3）如基层面凹凸超出允许偏差，凸处剔平，凹处分层修补平整。

4）加强基层粘结。施工前针对不同材质的基层，严格掌握浇水量和均匀度。

5）抹粘石面层灰之前，用108胶水（108胶∶水＝1∶4）

满刷一遍，并随刷随抹面层灰。加气混凝土墙除按上述要求操作外，还必须采取分层抹灰，灰浆强度逐层提高，减小收缩差，增加粘结程度。

6）对较光滑的混凝土基层面，宜采用聚合水泥稀浆（水泥：砂＝1：1，外加水泥质量 5%～15% 的 108 胶）满刷一遍，厚度约 1mm，不可太厚，并用扫帚划毛，待晾干后抹底灰。

29. 斩假石饰面颜色不匀的原因是什么？怎样处理？

答：斩假石面颜色不匀，影响观感。

（1）原因分析

1）水泥石子浆掺用颜料的细度、批号不同。

2）水泥石子浆中颜料掺用量不准确，拌合不均匀。

3）斩完部分又蘸水洗刷。

4）常温施工时，假石饰面受阳光直接照射不同，温度不同，也会使饰面颜色不匀。

（2）防治措施

1）同一饰面应选用同一品种、同一强度等级、同一细度的原材料，并一次备齐。

2）拌灰时，应将颜料与水泥充分拌匀，然后再加入石子拌合，全部石子灰用量应一次备足。

3）每次拌合水泥石子浆的加水量应准确，所需饰面湿润均匀，斩剁时蘸水，但剁完部分的尘屑可用钢丝刷顺纹刷净，不得蘸水刷洗。

4）雨天不得施工。常温施工时，为使颜色均匀，应在水泥石子浆中掺入分散剂木质素磺酸钙和疏水剂甲基硅醇钠。

30. 识别室内防水工程的质量缺陷有哪些？怎样进行处理？

答：室内防水部位主要位于卫生间和厨房，其设备多、管道多、阴阳转角多、施工工作面小，是用水最频繁的地方，同时也是最易出现渗漏的地方。卫生间和厨房的渗漏主要发生在房间的四周、地漏周围、管道周围及部分房间中部。究其原因，主要是设计考虑不周，材料选择不佳，施工时结构层（找平层）处理得不好或防水层做得不到位，管理、使用不当等原因造成的。

（1）地面汇水倒坡

1）原因分析：地漏偏高，地面不平有积水，无排水坡度甚至倒流。

2）处理方法：凿除偏高，修复防水层，铺设面层（按照要求进行地面找坡），重新安装地漏，地漏接口处嵌填密封材料。

3）防治措施

① 地面坡度要求距排水点最远距离控制在 2‰，且不大于30mm，坡度要准确。

② 严格控制地漏标高，且应低于地面标高 5mm；卫生间和厨房地面应比走廊及其他室内地面低 20mm。

③ 地漏处的汇水口应呈喇叭口形，要求排水畅通。禁止地面有倒坡或积水现象。

（2）墙身返潮和地面渗漏

1）原因分析

① 墙面防水层设计高度偏低。

② 地漏、墙角、管道、门口等处结合不严密，造成渗漏。

2）处理方法

① 墙身返潮，应将损坏部位凿除并清理干净，用 1：2.5 防水砂浆修补。

② 如果墙身和地面渗漏严重，需将面层及防水层全部凿除，重新做找平层、防水层、面层。

3）防治措施

① 墙面上设有用水器时，其防水高度为 1500mm；淋浴处墙面防水高度不应大于 1800mm。

② 墙体根部与地面的转角处找平层应做成钝角。

③ 预留洞口、孔洞、埋设的预埋件位置必须正确、可靠。地漏、洞口、预埋件周边必须设有防渗漏的附加层防水措施。

④ 防水层施工时，应保持基层干净、干燥，确保涂膜防水与基层粘结牢固。

（3）地漏周边渗漏

1）原因分析

承口杯与基体及排水管接口结合不严密，防水处理过于简陋，密封不严。

2）处理方法

① 地漏口局部偏高，可剔除高出部分，重新做地漏，并注意和原防水层搭接好，地漏和翻口外沿嵌填密封材料并封闭严实。

② 地漏损坏，应重做地漏。

③ 地漏周边与基体结合不严渗漏，在其周边剔凿出宽度和深度均不小于 20mm 的沟槽，清理干净，槽内嵌填密封材料，其上涂刷 2 遍合成高分子防水涂料。

3）防治措施

① 安装地漏时，应严格控制标高，不可超高。

② 要以地漏为中心，向四周辐射找好坡度，坡向要准确，确保地面排水迅速、畅通。

③ 安装地漏时，按设计及施工规范进行施工，结点防水处理得当。

（4）立管四周渗漏

1）原因分析

① 立管与套管之间未嵌入防水密封材料，且套管与地面相平，导致立管四周渗漏。

② 施工人员不认真，或防水、密封材料质量差。

③ 套管与地面相平，导致立管四周渗漏。

2）处理方法

① 套管损坏应及时更换并封口，所设套管要高出地面大于20mm，并进行密封处理。

② 如果管道根部积水渗漏，应沿管根部剔凿出宽度和深度

均不小于 20mm 的沟槽，清理干净，槽内嵌填密封材料，并在管道与地面交接部位涂刷管道高度及地面水平宽度不小于 100mm、厚度不小于 1mm 无色或同色的合成高分子防水涂料。

③ 管道与楼地面间裂缝小于 1mm 应将裂缝部位清理干净，绕管道及根部涂刷 2 遍合成高分子防水涂料，其涂刷高度和宽度不小于 100mm、厚度不小于 1mm。

3）防治措施

① 穿楼板的立管应按规定预埋套管。

② 立管与套管之间的环隙应用密封材料填塞密实。

③ 套管高度应比设计地面高出 20mm 以上；套管周边做同高度的细石混凝土防水保护墩。

第四章 专业技能

第一节 施工组织设计和专项施工方案

1. 怎样编制小型装饰工程施工组织设计？

答：单位工程的施工组织设计编制技巧如下：

（1）熟悉装饰装修施工图纸，对施工装饰施工现场实地考察，做到心中有数、有的放矢，为确定装饰装修施工方案确定依据。

（2）确定流水施工的主要施工过程，把握工程施工的关键工序，根据设计图纸分段分层计算工程量，为施工进度计划的编制打下基础。

（3）根据工程量确定主要施工过程的劳动力、机械台班需求计划，从而确定各施工过程的持续时间、编制施工进度计划，并调整优化。

（4）根据装饰装修施工定额编制资源配置计划。

（5）根据资源配置计划和施工现场情况，设计并绘制施工现场平面图。

（6）制定相应的技术组织措施。

（7）装饰装修施工组织设计和专项施工方案的编制均应做到技术先进、经济合理、留有余地。

2. 怎样编制装饰工程分部（分项）工程施工方案？

答：建筑装修工程施工方案的内容，主要包括施工方法和施工机械的选择、施工段的划分、施工开展的顺序以及流水施工的组织安排。装饰工程分部（分项）工程施工方案编制的步骤如下：

(1) 确定施工程序。建筑装饰装修工程的施工顺序一般有先室外后室内、先室内后室外及室内外同时进行三种情况。应根据工期要求、劳动力配备情况、气候条件、脚手架类型等因素综合考虑。

1) 建筑物基体表面的处理。一般要使其粗糙，以加强装饰面层与基层之间的粘结力。对改造工程或旧建筑物上进行二次装饰，应对拆除的部位、数量、拆除物的处理办法等做出明确的规定，以保证装饰施工质量。

2) 设备安装与装饰工程。先进行设备管线的安装，再进行建筑装饰装修工程的施工，即按照预埋、封闭和装饰的顺序进行。在预埋阶段，先通风，再水暖管道，后电器线路；封闭阶段，先墙面，再顶面，后地面；装饰阶段先油漆，再裱糊，后面板。

(2) 确定施工起点和流向。是指单位工程在平面或空间上开始施工的部位及其流动方向，主要取决于合同规定、保证质量和缩短工期的要求。单层建筑要定出分段施工在平面上的施工流向，多层及高层建筑除了定出每一层在平面上的流向外，还要定出分层施工的流向。确定施工流向时还应考虑施工方法，工程各部位的繁简程度，选用的材料，用户对生产或使用的需要，设备管道的布置系统等。

(3) 确定施工顺序。即确定装饰装修分项工程或工序之间的先后顺序。室外装饰装修的施工顺序有两种：对于外墙湿作业施工，除石材墙面外，一般采用自上而下的施工顺序；而干作业施工，一般采用自下而上的施工顺序。

室内装饰装修工程施工的主要内容有：顶棚、地面、墙面的装饰、门窗安装、油漆、制作家具以及相配套的水、电、风口的安装和灯具洁具的安装。确定施工作业顺序的基本原则是先湿作业，后干作业，先墙顶后地面，先管线后饰面。

(4) 选择施工方法和施工机械。选择施工方法和施工机械是确定施工方案的关键之一，它直接影响施工质量、进度、安全以及施工成本。

施工方法选择时，应着重考虑影响整个装饰工程施工的主要部分，应注意内外装饰装修工程施工顺序，特别是应安排好湿作业、干作业、管线布置等的施工顺序。

建筑装饰装修工程施工所用的机具，除垂直运输和设备安装以外，主要是小型电动机具，如电锤、电动曲线锯、型材切割机、风车锯、电刨、云石机、射钉枪电动角向磨光机等，选择时应做到：选择适宜的施工机具以及机具型号；在同一施工现场应尽可能减少机具的型号和功能综合的机具，便于机具管理；机具配备时注意与之配套的附件；充分发挥现有机具的作用等。

3. 怎样制定建筑装饰施工的安全技术措施？

答：《建筑法》规定，建筑装饰施工企业编制施工组织设计时，应当根据建筑工程的特点制定相应的安全技术措施；对于专业性较强的工程项目，应当编制专项安全施工组织设计，并采取安全技术措施。施工单位应当按照《建设工程安全生产管理条例》的规定，在施工组织设计中编制安全技术措施和施工现场临时用电方案。

安全技术措施可分为防止安全事故发生的安全技术措施和减少事故损失的安全技术措施。它们通常包括：根据基坑、地下室深度和地质资料，保证土石方边坡稳定的措施；脚手架、吊篮、安全网、各类洞口防止人员坠落的技术措施；外用电梯、井架以及塔吊等垂直运输机具的拉结要求及防倒塌措施；安全用电和机电防短路、防触电的措施；有毒有害、易燃易爆作业的技术措施；施工现场周围通行道路及居民防护隔离等措施。

4. 怎样制定装饰装修工程施工安全技术专项施工方案？

答：《建设工程安全生产管理条例》规定，对下列达到一定规模的危险性较大的分部分项工程编制专项施工方案，并附安全验算结果，经施工单位负责人、总监理工程师签字后实施，由专职安全生产管理人员进行现场监督：①基坑支护与降水工程；②土方开挖工程；③模板工程；④起重吊装工程；⑤脚手架工程；⑥拆除、爆破工程；⑦国务院建设行政主管部门或者其他有关部门规定的其他危险性较大的工程。对以上所列工程中涉及的深基坑、地下暗挖工程、高大模板工程的专项施工方案，施工单位还应当组织专家论证、审查。

其他危险性较大的工程是指：①建筑幕墙的安装施工；②预应力结构张拉施工；③隧道工程施工；④桥梁工程施工（含架桥）；⑤特种设备施工；⑥网架的索膜结构施工；⑦6m以上边坡施工；⑧大江、大河的导流、截流施工；⑨港口工程、航道工程；⑩采用新技术、新工艺、新材料，可能影响建设工程质量安全，已经行政许可、尚无技术标准的施工。

建筑施工企业专业工程技术人员编制的安全专项施工方案，由施工企业负责人及监理单位专业监理工程师进行审核，审核合格，由施工企业技术负责人、监理单位总监理工程师签字。

5. 脚手架工程专项施工方案包括哪些内容？

答：（1）室外脚手架的设置

根据《建筑施工扣件式脚手架安全技术规范》JGJ 130—2011规定，本工程外脚手架采用落地式双排脚手架，脚手架内挂密目网（2000目/100cm^2），进行全封闭防护，每3层且不大于10m设置一道水平防护网，施工操作曾设置水平硬防护。钢管采用外径48mm、壁厚3.5mm的焊接钢管，立杆纵向间距1.5m、横距1.0m，大横杆间距1.7m，小横杆间距不大于1.5m。脚手架要进行稳定性验算。

（2）室内装饰脚手架设置

室内装饰采用钢制满堂红脚手架。梁底模板支架采用双排脚手架，立杆横距为梁宽加400mm，纵距为800～1000mm，水平杆的纵距 1.3m；板底模板支架采用双排脚手架，靠梁立杆间距不小于 200mm，纵横方向立杆间距 800～1200mm。水平杆与立杆连接要用直角扣件，立杆采用搭接连接，每道立杆连接要不少于两个扣件，扣件可采用直角扣件连接或旋转扣件。架子四周与中间每隔四排支架立杆应设置一道纵向剪刀撑，由底至顶连续设置。

（3）脚手架设置技术措施

1）外脚手架搭设前，应先将地面夯实找平，并做好排水处理，立杆垂直面应放在金属底座上，底座下垫 60mm 厚木板，立杆根部设通常扫地杆，大横杆在同一步距内的纵向水平方向高差不得超过 60mm，同一步距里外两根大横杆的接头相互错开，不宜在同一跨间内，同一跨内上下两根大横杆的连接接头应错开 500mm 以上。

2）小横杆与大横杆垂直，用扣件将小横杆固定于大横杆上。

3）在转角端头及纵向每隔 15m 处设置剪刀撑，每档剪刀撑占 2～3 个跨间。从底部到顶部连续布置，剪刀撑钢管与水平向成 45°～60°夹角，最下一对剪刀撑应落地，与立杆的连接点距地不大于 500mm。

4）竖向每隔 3～4m，横向每隔 4～6m 设置与框架锚拉的锚拉杆，锚拉杆一端用扣件固定于立杆与大横杆汇聚处，一段与楼层中预埋钢管用扣件连接。

5）立杆相交伸出的端头必须大于 100mm，防止杆件滑脱。杆件用扣件连接，禁止使用铁线绑扎。

6）钢跳板满铺、铺稳，不得铺探头板、弹簧板，靠墙的间隙大于 0.2m。

7）外围护架子高出建筑物 2.5m。

（4）脚手架拆除

1）严格遵守拆除程序，由上而下进行，即先绑者后拆，后绑者先拆，一般是先拆栏杆、脚手架、剪刀撑、然后依次一步一步拆除小横杆、大横杆、抛撑、立杆等。

2）悬空口须预先进行加固或设落地支撑措施后方可拆除。

3）如果需要保留部分架子继续工作时，应将保留部分架子加固稳定后，方可拆除其他架子。

4）通道上方的脚手板要保留，以防高空坠物伤人。

6. 怎样编制装饰装修工程中吊顶分项工程质量控制计划？

答：装饰装修吊顶工程质量控制要点如下：

（1）吊顶工程验收时应检查下列文件和记录：

1）吊顶工程的施工图、设计说明及其他设计文件。

2）材料的产品合格证书、性能检测报告、进场验收记录和复验报告。

3）隐蔽工程验收记录。

4）施工记录。

（2）吊顶工程应对人造木板的甲醛含量进行复验。

（3）吊顶工程应对下列隐蔽工程项目进行验收：

1）吊顶内管道、设备的安装及水管试压。

2）木龙骨防火、防腐处理。

3）预埋件或拉结筋。

4）吊杆安装。

5）龙骨安装。

6）填充材料的设置。

（4）各分项工程的检验批应按下列规定划分：

同一品种的吊顶工程每 50 间（大面积房间和走廊按吊顶面积 30m^2 为一间）应划分为一个检验批，不足 50 间也应划分为一个检验批。

（5）吊顶工程的木吊杆、木龙骨和木饰面板必须进行防火处理，并应符合有关设计防火规范的规定。

（6）吊顶工程中的预埋件、钢筋吊杆和型钢吊杆应进行防锈处理。

（7）安装饰面板前应完成吊顶内管道和设备的调试及验收。

（8）吊杆距主龙骨端部距离不得大于 300mm，当大于 300mm 时，应增加吊杆。当吊杆长度大于 1.5m 时，应设置反支撑。当吊杆与设备相遇时，应调整并增设吊杆。

（9）重型灯具、电扇及其他重型设备严禁安装在吊顶工程的龙骨上。

（10）暗龙骨金属吊杆、龙骨应经过表面防腐处理；木吊杆、龙骨应进行防腐、防火处理。

（11）暗龙骨石膏板的接缝应按其施工工艺标准进行板缝防裂处理。安装双层石膏板时，面层板与基层板的接缝应错开，并不得在同一根龙骨上接缝。

（12）暗龙骨饰面材料表面应洁净、色泽一致，不得有翘曲、裂缝及缺损。压条应平直、宽窄一致。

（13）暗龙骨饰面板上的灯具、烟感器、喷淋头、风口篦子等设备的位置应合理、美观，与饰面板的交接应吻合、严密。

（14）暗龙骨金属吊杆、龙骨的接缝应均匀一致，角缝应吻合，表面应平整，无翘曲、锤印。木质吊杆、龙骨应顺直，无劈裂、变形。

（15）明龙骨饰面材料与龙骨的搭接宽度应大于龙骨受力面宽度的 2/3。

（16）明龙骨吊杆、龙骨的材质、规格、安装间距及连接方式应符合设计要求。金属吊杆、龙骨应进行表面防腐处理；木龙骨应进行防腐、防火处理。

（17）明龙骨饰面材料表面应洁净、色泽一致，不得有翘曲、裂缝及缺损。饰面板与明龙骨的搭接应平整、吻合，压条应平直、宽窄一致。

（18）饰面板上的灯具、烟感器、喷淋头、风口篦子等设备的位置应合理、美观，与饰面板的交接应吻合、严密。

（19）金属龙骨的接缝应平整、吻合、颜色一致，不得有划伤、擦伤等表面缺陷。木质龙骨应平整、顺直，无劈裂。

7. 轻钢龙骨石膏罩面板隔墙工程质量控制计划包括哪些内容？

答：（1）依据标准。

（2）施工准备。

（3）操作工艺。

（4）质量标准。

骨架隔墙工程质量检验标准如表 4-1 所示；骨架隔墙安装的允许偏差符合表 4-2 的规定。

骨架隔墙工程质量检验标准表　　　　表 4-1

项	序	检查项目	允许偏差或允许值（mm）	检查方法
主控项目	1	材料质量	第 7.3.3 条	观察和检查产品合格证书、进场验收记录、性能检测报告和复验报告
	2	龙骨连接	第 7.3.4 条	手扳和尺量检查
	3	龙骨间距及构造连接	第 7.3.5 条	观察检查
	4	防火、防腐	第 7.3.6 条	检查隐蔽工程验收记录
	5	墙面板安装	第 7.3.7 条	观察和手扳检查
	6	墙面板接缝材料及方法	第 7.3.8 条	观察检查
一般项目	1	表面质量	第 7.3.9 条	观察和手摸检查
	2	孔洞、槽、盒	第 7.3.10 条	观察检查
	3	填充材料	第 7.3.11 条	轻敲检查
	4	允许偏差	第 7.3.12 条	见表 4-2

骨架隔墙安装的允许偏差　　　　表 4-2

项次	项　目	允许偏差（mm）		检验方法
		纸面石膏板	人造木板、水泥纤维板	
1	立面垂直度	3	4	用 2m 垂直检测尺检查
2	表面平整度	3	3	用 2m 靠尺和塞尺检查

项次	项 目	允许偏差（mm）		检验方法
		纸面石膏板	人造木板、水泥纤维板	
3	阴阳角方正	3	3	用直角检测尺检查
4	接缝直线度		3	拉5m线，不足5m拉通线，用钢直尺检查
5	压条直线度		3	拉5m线，不足5m拉通线，用钢直尺检查
6	接缝高低差	1	1	用钢直尺和塞尺检查

（5）成品保护。

1）轻钢骨架隔墙施工中，各工种间应保证已安装项目不受损坏，墙内电线管及附墙设备不得碰动、错位及损伤。

2）轻钢龙骨及纸面石膏板入场，存放使用过程中应妥善保管，保证不变形、不受潮、不污染、无损坏。

3）施工部位已安装的门窗、地面、墙面、窗台等应注意保护，防止损坏。

4）已安装好的墙体不得碰撞，保持墙面不受损坏和污染。

（6）应注意的质量问题。

1）板缝开裂是轻钢龙骨石膏罩面板隔断的质量通病。克服板缝开裂，不能单独着眼于板缝处理，必须综合考虑。首先轻钢龙骨结构构造要合理，应具备一定刚度；二是纸面石膏板不能受潮变形，与轻风龙骨的钉固要牢固；三是接缝腻子要考究，保证墙体伸缩变形时接缝不被拉开；四是接缝处理要认真仔细，严格按操作工艺施工。只有综合处理，才能克服板缝开裂的质量通病。

2）超过12m长的墙体应按设计要求做控制变形缝，以防止因温度和湿度的影响产生墙体变形和裂缝。

3）进入冬季供暖期又尚未住人的房间，应控制供热温度，并注意开窗通风，以防干热造成墙体变形和裂缝。

4）轻钢骨架连接不牢固，其原因是局部节点不符合构造要求，安装时局部节点应严格按图上的规定处理，节点间距、位置、连接方法应符合设计要求。

5）墙体罩面板不平，多数由两个原因造成：一是龙骨安装横向错位；二是石膏板厚度不一致。

6）明凹缝不匀：纸面石膏板拉缝未很好掌握尺寸，施工时注意板块分档尺寸，保证板间拉缝一致。

（7）质量记录。

1）轻钢龙骨产品合格证。

2）纸面石膏板产品合格证。

3）龙骨安装分项工程质量检验评定记录。

4）纸面石膏罩面板分项工程质量检验评定记录。

8. 装饰装修工程中楼地面工程质量控制措施包括哪些内容？

答：（1）材料及试验

1）地面与楼面各层所用的材料拌合料和制品的种类、规格、配合比、强度等等级，应根据设计要求选用，并应符合国家相关标准规范以及施工验收规范的规定；产品和原材料应有生产厂合格证，应按规定抽检，各层所用拌合料的配合比，应由试验确定。

2）混凝土和水泥砂浆试块的做法及强度的检验应按国家标准的有关规定执行。

3）地面与楼面工程施工时，各层表面的温度以及铺设材料温度，应符合施工规范的有关规定。

（2）基层

1）地面应铺设在均匀密实的基土上。如为填土或土层结构被破坏，应予以压实，以免引起地面下沉。填土的土质、干土质量密度等必须符合设计要求和施工规范的规定。

2）垫层、结构层（保温层、防水、防潮层、找平层、结构层）的材质、强度（配合比）、密实度及做法等，必须符合设计要求和施工规范规定；变形缝应按设计要求设置。

（3）整体楼、地面面层

1）这里讲的是细石混凝土、混凝土、水泥砂浆、水泥石屑、沥青混凝土、沥青砂浆、水磨石、碎拼大理石、菱苦土和钢屑水泥等整体楼、地面面层。

2）各种面层的材质、强度（配合比）和密实度及做法应符合设计要求和施工规范的规定；面层与基层的结合必须牢固，无空鼓。

3）铺设各表面层一般宜在室内装饰工程基本完工后进行。

4）几种常用整体楼、地面面层的做法要点如下：

① 水泥砂浆面层为 1∶2～1∶2.5 水泥砂浆；应随铺随拍实，抹平工作应在初凝前完成，压光工作应在终凝前完成；水泥石屑面层是以石屑代替黄砂，其施工方法要求与水泥砂浆面层相同；施工完成后表面应洁净，无裂痕、脱皮和起砂等缺陷。

②细石混凝土面层为 1∶2.4 干硬性细石混凝土。浇筑前将基层清理干净，并洒水湿润，浇筑后应用平板震动器振捣一遍或滚筒来回滚压 2～3 遍，施工完成后表面应洁净，无裂痕、脱皮和起砂等缺陷；分仓缝按设计要求处理。

③磨石子面层为 1∶1.25～1∶2 水泥白砂子浆，彩色磨石子地面所用的颜料应选用耐碱、耐久的矿物颜料，其掺入量不得大于水泥用量的 15%，分格条一般用玻璃条或铜条，完成后表面应洁净，无裂痕、脱皮和起砂等缺陷，分格条应平整。

第二节　装饰装修工程主要材料的质量

1. 饰面天然石材的质量应符合哪些要求？

答：（1）花岗岩质量应符合《天然花岗石建筑板材》GB/T 18601 的要求；放射性需符合《建筑材料放射性核素限量》GB 6566 中分类使用的规定。

天然花岗岩石普型板按规格尺寸偏差、平面度公差、角度公差及外观质量等，圆弧板按规格尺寸偏差、直线度公差、线轮廓度公差等，分为优等品（A）、一等品（B）、合格品（C）三个等级。

天然花岗岩石材的技术要求包括规格尺寸允许偏差、平面度允许公差、角度允许公差、外观质量和物理性能，其中物理和力学性能的要求为：体积密度不小于 2.56g/cm³，吸水率不大于 0.6％，干燥压缩强度不小于 100MPa，弯曲强度不小于 8MPa，镜面板材的镜向光泽值不应小于 80 光泽单位或按供需双方协商确定。

（2）大理石质量应符合《天然大理石建筑板材》GB/T 19766 标准的要求。

天然大理石板材按规格尺寸偏差、平面度公差、角度公差及外观质量等分为优等品（A）、一等品（B）、合格品（C）三个等级。

天然大理石板材的技术要求包括规格尺寸允许偏差、平面度允许公差、角度允许公差、外观质量和物理性能，其中物理和力学性能的要求为：体积密度不小于 2.306g/cm³，吸水率不大于 0.5％，干燥压缩强度不小于 50MPa，弯曲强度不小于 7MPa，耐磨度不小于 10（1/cm³），镜面板材的镜向光泽值不应小于 70 光泽单位。

（3）天然砂岩质量应符合《天然砂岩建筑板材》GB/T 23452 标准的要求。

（4）天然石灰石质量应符合《天然石灰石建筑板材》GB/T 23453 标准的要求。

（5）板石质量应符合《天然板石》GB/T 18600 标准的要求。

（6）干挂石材应符合《干挂饰面石材及其金属挂件　第一部分：干挂饰面石材》JC 830.1 标准的要求。

（7）异形石材质量应符合《异型装饰石材》JC/T 847 标准的要求。

2. 饰面人造石材的质量应符合哪些要求？

答：（1）微晶玻璃应符合《建筑装饰用微晶玻璃》JC/T 872 标准的规定。室外地面不宜选用微晶玻璃。

（2）水磨石宜采用耐光、耐碱的矿物颜料，不得使用酸性颜料。

（3）预制水磨石制品应符合《建筑装饰用水磨石》JC/T 507 标准的规定。

（4）现制水磨石地面宜选用强度等级不低于 32.5 级的水泥，美术水磨石宜选用白水泥，防静电水磨石宜选用强度等级不低于 42.4 级的水泥。

（5）现制水磨石地面宜选用白云石、大理石为石粒原料。石粒质量应符合《建筑用卵石、碎石》GB/T 14685 标准的要求。

（6）防静电水磨石的力学性能应符合《建筑装饰用水磨石》JC/T 507 标准的规定，防静电性能达到《防静电工作区技术要求》GJB 3007 标准的要求。

（7）防静电水磨石的专用材料包括：1MΩ 限流电阻；耐压 500V 压敏电阻；铜质接地端子，正六面体对边距 20～22mm，高 10mm，中间为直径 8mm 的螺扣；表面电阻小于 $1×10^3$ Ω 且不溶于水的导电涂料，预制水磨石镀锡铜质导电带，有效截面不小于 2.5mm²，厚度 1.2mm。

（8）防静电水磨石的其他材料包括：不溶于水的绝缘材料；现制水磨石需要 4mm×40mm 镀锌扁钢；酸性清洗剂；特强封地剂；高级免擦面蜡；防静电蜡。

（9）不发火水磨石制品用石粒应符合《建筑地面工程施工质量验收规范》GB 50209 的要求。

（10）实体面材应符合《人造石》JC/T 908 标准的规定。

3. 人造木板的质量应符合哪些要求？

答：（1）胶合板质量应符合《胶合板》GB/T 9846 的要求。

普通胶合板按成品板上可见的材质缺陷和加工缺陷的数量分为三个等级，即优等品、一等品和合格品。按照使用环境条件分为Ⅰ类、Ⅱ类和Ⅲ类胶合板，Ⅰ类胶合板即耐气候胶合板，供室外条件下使用，能通过煮沸试验；Ⅱ类胶合板即耐水胶合板，供潮湿条件下使用，能通过 $63\pm3℃$ 热水浸渍试验；Ⅲ类胶合板即不耐潮胶合板，供干燥条件下使用，能通过干燥试验。

室内用胶合板按甲醛释放量分为 E_0（可直接用于室内）、E_1（可直接用于室内）、E_2（必须饰面处理后方可用于室内）三个级别。

（2）纤维板可分为硬质、中密度、软质三种。中密度纤维板是在装饰过程中广泛使用的纤维板品种，分为普通型、家具型和承重型，质量应符合《中密度纤维板》GB/T 11718 的要求。

（3）刨花板质量应符合《刨花板》GB/T 4897 的要求。

（4）细木工板应符合《细木工板》GB/T 5849 的要求。

4. 实木地板的质量应符合哪些要求？

答：实木地板质量应符合《实木地板　第一部分：技术要求》GB/T 15036.1 的规定。实木地板的技术要求有分等、外观质量、加工精度、物理性能。其中物理力学指标有含水率（7%≤含水率≤我国各地区的平衡含水率，同批底板试件间平均含水率最大值与最小值之差不得超过 4.0，同一板内含水率最大值与最小值之差不得超过 4.0）、漆板表面耐磨、漆膜附着力和漆膜硬度。实木地板的活节、死节、蚀孔、加工波纹等外观要满足相应的质量要求，但仿古地板对此不做要求。根据产品的外观质量、物理性能，实木地板分为优等品、一等品和合格品。

5. 人造木地板的质量应符合哪些要求？

答：（1）实木复合木地板可分为三层复合木地板、多层复合木地板、细木工板复合木地板。按质量等级分为优等品、一等品和合格品。复合木地板质量应符合《实木复合地板》GB/T

18103 和《室内装饰装修材料 人造板及其制品中甲醛释放限量》GB 18580 的规定。

（2）浸渍纸层压木质地板（强化木地板）按材质可分为高密度板、中密度板、刨花板为基材的强化木地板。按用途分为公共场所用（耐磨转数≥9000 转）、家庭用（耐磨转数≥6000 转）。按质量等级分为优等品、一等品和合格品。质量应符合《浸渍纸层压木质地板》GB/T 18102 和《室内装饰装修材料 人造板及其制品中甲醛释放限量》GB 18580 的规定。

（3）软木地板和软木符合地板应符合《软木类地板》LY/T 1657 和《室内装饰装修材料 人造板及其制品中甲醛释放限量》GB 18580 的规定。

（4）人造木地板按甲醛释放量分为 A 类（甲醛释放量≤9mg/100g），B 类（甲醛释放量＞9～40mg/100g），采用穿孔法测试。按环保控制标准，I类民用建筑的室内装修必须采用 E_1 类人造木地板。E_1 类甲醛释放量≤0.12mg/m³，采用气候箱法测试。

6. 建筑陶瓷材料的质量应符合哪些要求？

答：（1）陶瓷砖

根据《陶瓷砖》GB/T 4100，陶瓷砖按材质可分为瓷质砖（吸水率≤0.5%）、炻瓷砖（0.5%＜吸水率≤3%）细炻砖（3%＜吸水率≤6%）、炻质砖（6%＜吸水率≤10%）、陶质砖（吸水率＞10%）。按成型方法分挤压砖、干压砖、其他方法成型砖。

（2）陶瓷卫生产品

根据《卫生陶瓷》GB 6952，卫生陶瓷产品根据材质可分为瓷质卫生陶瓷（吸水率要求小于 0.5%）和陶质卫生陶瓷（8%≤吸水率＜15%），陶瓷卫生产品的技术要求分为一般要求、功能要求和便器配套性技术要求。

1）陶瓷卫生产品的主要技术指标是吸水率，它直接影响到洁具的清洗性和耐污性。普通卫生陶瓷的吸水率在 1% 以下，高档卫生陶瓷的吸水率要求不大于 0.5%。

2）耐急冷急热要求必须达到标准要求。

3）节水型和普通型坐便器的用水量分别不大于 8L 和 11L，小便器的用水量分别不大于 3L 和 5L。

4）卫生洁具要求有光滑的表面，不易沾污。便器与水箱配件应成套供应。

5）水龙头合金材料中的铅等金属含量符合《卫生陶瓷》GB 6952 的要求。

6）大便器安装要注意排污口安装距（下排式便器排污口中心至完成墙的距离；后排式便器排污口中心至完成地面的距离），小便器安装要注意安装高度。

7. 建筑玻璃的质量应符合哪些要求？

答：建筑玻璃的外观质量和性能应符合下列国家现行标准的规定：《平板玻璃》GB 11614；《建筑用安全玻璃　第 3 部分：夹层玻璃》GB 15763.3；《建筑用安全玻璃　第 2 部分：钢化玻璃》GB 15763.2；《中空玻璃》GB/T 11944；《夹丝玻璃》JC 433；《防弹玻璃》GB 17840；《建筑用安全玻璃　第 1 部分：防火玻璃》GB 15763.1。为了节省篇幅这里进介绍普通玻璃的技术要求。

（1）普通玻璃按厚度分为 2、3、4、5mm 四类，按等级分为优等品、一等品、合格品三类。

（2）厚度偏差，厚度分为 2、3、4mm 的普通玻璃，厚度允许偏差为 ±0.20mm；厚度 5mm 的普通玻璃厚度允许偏差为 ±0.25mm。

（3）尺寸偏差，长 1500mm 以内（含 1500mm）不得超过 ±3mm，长超过 1500mm 不得超过 ±4mm。

（4）尺寸偏斜，长 1000mm，不得超过 ±2mm。

（5）弯曲度不得超过 0.3%。

（6）边部凸出残缺部分不得超过 3mm，一片玻璃只许有一个缺角，沿原角等分线测量不得超过 5mm。

（7）可见光总透过率，2、3、4、5mm 厚的普通玻璃分别不得低于 88%、87%、86% 和 84%。玻璃表面不许有擦不掉的白雾状或棕黄色的附着物。外观质量应符合相关规范的规定。

（8）玻璃 15mm 边部，一等品、合格品不允许有任何破坏性缺陷。

（9）玻璃不允许有裂口存在。

8. 无机胶凝材料的质量应符合哪些要求？

答：（1）水泥

1）必须是由国家批准的生产厂家，具有资质证明；每批供应的水泥必须具有出厂合格证明；进口的水泥必须有商检报告。

2）同一生产厂家、同一等级、同一品种、同一批号且连续进场的水泥，袋装不超过 200t 为一批，散装不超过 500t 为一批，不足时也按一批计。进入现场的每一批水泥必须封样送检复试。

3）存放期超过 3 个月必须进行复检。

4）复验项目：水泥的凝结时间、安定性和抗压强度。

5）进入施工现场每一批水泥应标识品种、规格、数量、生产厂家、日期、检验状态和使用部位，并码放整齐。

（2）石灰

石灰膏在使用前应进行陈伏。由块状生石灰熟化而成的石灰膏，一般应在储灰坑中陈伏 2 周左右。石灰膏在陈伏期间，表面应覆盖有一层水，以隔绝空气，避免与空气中的二氧化碳发生碳化反应。

（3）石膏板

石膏板的质量应符合《装饰石膏板》JC/T 799，《纸面石膏板》GB/T 9775，《嵌装式装饰石膏板》JC/T 800 的规定。

9. 建筑涂料的质量应符合哪些要求？

答：（1）木器涂料

木器涂料必须符合《室内装饰装修材料 溶剂型木器涂料中有害物质限量》GB 18581、《室内装饰装修材料 水性木器涂料中有害物质限量》GB 24410 的要求。

（2）内墙涂料

内墙涂料可分为乳液型内墙涂料（包括丙烯酸酯乳胶漆、苯—丙乳胶漆、乙烯—醋酸乙烯乳胶漆）和其他类型的内墙涂料（包括复层内墙涂料、纤维质内墙涂料、绒面内墙涂料等）。内墙涂料必须符合《室内装饰装修材料 内墙涂料中有害物质限量》GB 18582 的要求。

（3）外墙涂料

外墙涂料分为乳溶性外墙涂料、乳液型外墙涂料、水溶性外墙涂料、其他类型外墙涂料。外墙涂料必须符合《建设用外墙涂料中有害物质限量》GB 24408 的要求。

10. 建筑装饰装修用金属材料、五金材料的质量应符合哪些要求？

答：（1）建筑用轻钢龙骨

1）产品分类

墙面龙骨主要规格分为 Q50、Q75、Q100。

吊顶龙骨主要规格分为 D38、D45、D50、D60。

2）外观质量

龙骨外形要求平整、棱角清晰、切口不允许有变形和毛刺。镀锌层不允许有起皮、起瘤、脱落等缺陷。对于腐蚀、损伤、黑斑、麻点等缺陷，按照规定方法检测时，应符合国家有关规范和标准的要求。

3）表面防锈

龙骨表面应进行防锈处理，双面镀锌量和双面镀锌层厚度应不小于国标的规定。

（2）铝合金型材

1）产品尺寸允许偏差

型材尺寸允许偏差分为普通级、高精级、超高精级三个等级，具体偏差见《铝合金建筑型材》GB 5237。

2）外观质量

① 型材表面应整洁，不允许有裂纹、起皮、腐蚀和气泡等缺陷存在。

② 型材表面允许有轻微的压坑、碰伤、擦伤和划伤存在，但其允许深度符合国家相关标准规定的要求。

③ 型材端头允许有锯切产生的局部变形，其纵向程度不应超过 10mm。

3）检验结果的判定及处理

① 化学成分不合格时，判该批不合格。

② 尺寸偏差不合格，判断该批不合格，但允许逐根检验，合格者交货。

③ 外观不合格时，判该件不合格。

④ 力学性能实验结果有任一试样不合格时，应从该批（炉）型材中重取双倍数量的试样复试验，重复试验结果全部不合格，则判整批型材不合格，若重复试验结果仍有不合格时，则该批型材不合格，或进行重复热处理，重新取样。

11. 建筑装饰塑料的质量应符合哪些要求？

答：（1）塑料装饰板材

按原材料的不同，可分为塑料金属复合板、硬质 PVC 板、玻璃钢板、铝塑板、聚碳酸醋采光板、有机玻璃装饰板等。按结构和断面形式可分为平板、波形板、实体异形断面板、中空异形断面板、格子板、夹芯板等类型。

（2）塑料壁纸

以聚氯乙烯壁纸为例作如下说明。

1）宽度和每卷长度

成品壁纸的宽度为 $530 \pm 5mm$ 或 $900 \sim 1000 \pm 10mm$。530mm 宽成品壁纸每卷长度为 $10 + 0.05m$，$900 \sim 1000mm$ 宽的成品壁纸每卷长度为 $50 + 0.50m$。

其他规格尺寸由供需双方协商或以标准尺寸的倍数供应。

2）每卷段数和段长

10m/卷的成品壁纸为一段。50m/卷的产品壁纸每段的段数应符合国家标准的有关规定。

第三节　装饰装修施工试验

1. 怎样判断室内防水工程蓄水试验结果？

答：厕浴间防水层施工完毕，检查防水隔离层应采用蓄水方法，蓄水最浅处不得小于 10mm，蓄水时间不得少于 24h；蓄水前临时堵严地漏或排水口部位，确认无渗漏时再做保护层和面层。饰面层施工完毕后，还应在其上继续做第二次 24h 蓄水试验，以最终无渗漏时为合格方可以收。检查有防水要求的建筑地面的面层应采用泼水方法，不得有倒坡积水现象。

2. 怎样评定外墙饰面砖及带饰面砖的预制墙板粘接强度检验结果？

答：（1）现场粘贴的同类饰面砖，当一组试样均符合下列两项指标时，其粘结强度定位合格；当一组试样均不符合下列两项指标要求时，其粘结强度应定位不合格；当一组试样只符合下列两项指标中的一项要求时，则该饰面砖粘结强度定位不合格。

1）每组试样平均粘结强度不应小于 0.4MPa；

2）每组可有一个试样的粘结强度小于 0.4MPa，但不应小于 0.3MPa。

（2）带饰面砖的预制墙板，当一组试样均符合下列两项指标要求时，其粘结强度应定为合格；当一组试样均不符合下列两项指标要求时，其粘结强度应定不为合格；当一组试样只符合下列两项指标中的一项要求时，应在该组试样取样区域内重新抽取两组试样检验，若检验结果仍有一项不符合下列指标要求时，则该组饰面砖粘结强度应定位不合格。

1）每组试样平均粘结强度不应小于 0.6MPa；

2）每组可有一个试样的粘结强度小于 0.6MPa，但不应小于 0.4MPa。

3. 怎样判断饰面板安装工程的预埋件的现场拉拔强度试验结果？

答：混凝土结构后锚固工程质量应进行抗拔承载力的现场检验。锚栓抗拔承载力现场检验可分为非破坏性检验和破坏性检验两种。对于一般结构构件及非结构构件，可采用非破坏性检验，对于主要结构构件及生命线工程非结构构件，应采用破坏性试验。

（1）试件选取

同规格、同型号，基本相同部位的锚栓组成一个检验批。抽取数量按每批锚栓的 1％计算，且不得少于 3 根。

（2）检验结果评定

非破坏性检验荷载下，以混凝土基材无裂缝、锚栓或植筋无滑移等宏观裂损现象，且 2min 持荷期间荷载降低≤5％时为合格。当非破坏性少于为不合格时，应另抽不少于 3 个锚栓作破坏性检验判断。

4. 怎样根据蓄水试验的结果判断防水工程质量？

答：（1）查阅蓄水试验时的基础资料是否符合规范规定。

（2）检查蓄水试验检验批划分是符合理，测试程序、方法、持续时间是否满足满足施工验收规范的规定。

（3）查阅每一个检验批蓄水试验测试结果，强度分布值是否有异常。

（4）查阅检验报告分析判定的依据是否符合规范要求，分析判定结果是否正确，所得结论是否可靠。

将查阅上述内容符合规范和规程要求，没有明显差异，则该蓄水试验的检验结果可信。

第四节　施工图和其他工程设计、施工等文件

1. 怎样识读砌体结构房屋建筑施工图、结构施工图？

答：（1）建筑平面图的阅读方法

阅读建筑平面图首先必须熟记建筑图例（建筑图例可查阅《房屋建筑制图统一标准》GB/T 50001）。

1）看图名、比例。先从图名了解该平面图表达哪一层平面，比例是多少；从底层平面图中的指北针明确房屋朝向。

2）从大门开始，看房间名称，了解各房间的用途、数量及相互之间的组合情况。从该图可了解房间大门朝向、各功能房间的组合情况及具体位置等。

3）根据轴线定位置，识开间、进深等。

4）看图例，识细部，认门窗的代号。了解房屋其他细部的平面形状、大小和位置，如阳台、栏杆、卫生间的布置等其他空间利用情况。

5）看楼地面标高，了解各房间地面是否有高差。平面图中标注的楼地面标高为相对标高，且是完成面的标高。

6）看清内、外墙面构造装饰做法；同时弄懂屋面排水系统及地面排水的系统的构造。

（2）结构施工图的阅读方法

1）从基础图开始，了解地基与基础的结构设计及要求，包括地基土、基础及基础梁的结构设计要求、标高和细部构造等，了解地下管网的进口和出口位置、地下管沟的构造作法、坡度，以及管沟内需要预埋和设置的附属配件等，为编制地基基础施工方案、指导地基基础施工做好准备。

2）读懂首层结构平面布置图。弄清楚定位轴线与承重墙和非承重墙及其他构配件之间的关系，确定墙体和可能情况下所设置的柱确切位置，为编制首层结构施工方案和指导施工做好准备。弄清构造柱的设置位置、尺寸及配筋。

3) 读懂标准层结构平面布置图。标准层是除首层和顶层之外的其他剩余楼层的通称，也是多层砌体房屋中占楼层最多的部分，一般说来，没有特殊情况，标准层的结构布置和房间布局各层相同，这时结构施工图的读识与首层和顶层没有差异。需要特别指出的是如果功能需要，标准层范围内部分楼层结构布置有所变化，这时就需要对变化部分特别引起注意，弄清楚这些楼层与其他大多数楼层之间的异同，防止因疏忽造成错误和返工。需要注意的是多层砌体房屋可能在中间楼层处需要改变墙体厚度，这时需要弄清墙体厚度变化处上下楼层墙体的位置关系、材料强度的变化等。楼梯结构施工图读识时应配合建筑施工图，对其位置和梯段踏步划分、梯段板与踏步板坡度，平台板尺寸、平台梁截面尺寸、跨度及其配筋等都应正确理解。同时还要注意各楼层板和柱结构标高的掌握和控制。弄清圈梁、构造柱的设置位置、尺寸及配筋以及它们之间的连接，它们与墙体之间的连接等。

4) 顶层、屋面结构及屋顶间结构图的读识。顶层原则上讲与标准层差别不大，只是在特殊情况下可能为满足功能需要在结构布置上有所变化。对于屋顶结构中楼面结构布置、女儿墙或挑檐、屋顶间墙体和其屋顶结构等应弄清楚，尤其是屋顶间墙体位置以及与主体结构的连接关系等。弄清圈梁、构造柱的设置位置、尺寸及配筋以及它们之间的连接，它们与墙体之间的连接等。

2. 怎样读识建筑装饰装修工程施工图?

答：阅读建筑装饰工程平面图首先必须熟记建筑装饰工程图例，详细研读设计说明，弄清设计意图和要求。

(1) 看图名、比例。先从图名了解该平面图表达哪一层平面，比例是多少；从底层平面图中的指北针明确房屋朝向。

(2) 从大门开始，看房间名称，了解各房间的用途、数量及相互之间的组合情况。从该图可了解房间大门朝向、各功能房间的组合情况及具体位置等。

（3）根据轴线定位置，识开间、进深等。

（4）看图例，识细部，认门窗的代号。了解房屋其他细部的平面形状、大小和位置，如阳台、栏杆、卫生间的布置等其他空间利用情况。

（5）看楼地面标高，了解各房间地面是否有高差。平面图中标注的楼地面标高为相对标高，且是完成面的标高。

（6）看清内、外各种功能房间的地面、墙面、顶棚等构造装饰做法和构造。

3. 工程设计变更的流程有哪些?

答：设计变更的工作流程包括：

（1）工程设计变更申请

在工程设计变更申请前，提出变更申请的单位应对拟提出申请变更的事项、内容、数量、范围、理由等有比较充分的分析，然后按照项目管理的职责划分，向有关管理部门提出书面或口头（较小的事项）申请，施工企业提出的设计变更需向建设单位或代建单位和工程监理单位提出申请，并填写设计变更申请单。

（2）工程设计变更审批

施工单位向监理单位提交设计变更申请经审查、建设单位或代建单位审核同意后，然后可以填写设计变更审批表，经建设单位或代建单位、设计单位审查批准。

（3）设计单位出具设计变更通知

设计单位认真审核设计变更申请表中所列的变更事项的内容、原因、合理性等，然后作出设计变更的最终决定，并以设计变更通知单和附图的形式回复建设单位和施工单位。

设计变更申请、设计变更申请表、设计变更审批表、设计变更通知单是设计阶段和施工阶段项目管理的主要函件，也是工程项目最终确定工程结算的依据，必须妥善归档保管。

4. 为什么要组织好设计交底和图纸会审？图纸会审的主要内容有哪些？

答：在工程施工之前，建设单位应组织装饰装修施工单位进行工程设计图纸会审，组织设计单位进行设计交底，先由设计单位介绍设计意图、结构特点、施工要求、技术措施和有关注意事项，然后由施工单位提出图纸中存在的问题和需要解决的技术难题，通过三方研究协商、拟定解决方案、写出会议纪要，其目的是为了使施工单位熟悉设计图纸，了解工程特点和设计意图，以及对关键工程部分的质量要求，及时发现图纸中的差错，将图纸的质量隐患消灭在萌芽状态，以提高工程质量，避免不必要的工程变更，降低工程造价。

图纸会审的主要内容有：

（1）总平面与施工图的几何尺寸、平面位置、标高等是否一致。

（2）建筑装饰装修工程与建筑、结构和水电安装等专业图纸本身是否有差错及矛盾；结构图与建筑图的平面尺寸及标高是否一致，平立剖面之间有无矛盾；表示方法是否清楚。

（3）材料来源有无保证，能否代换；图中所要求的条件能否满足；新材料、新技术的应用有无问题。

（4）建筑装饰装修工程与建筑结构和建筑构造等是否存在不能施工、不便施工的技术问题，或容易导致质量、安全事故或工程费用增加等方面的问题。

（5）工艺管道、电气线路、设备装置、运输道路与建筑物之间或相互间有无矛盾，布置是否合理。

第五节　技术交底文件，实施技术交底

1. 为什么要进行施工技术交底？技术交底有哪些类型？

答：（1）施工技术交底

施工技术交底是某一分部或分项工程施工前进行的技术性接

代。其目的是使施工人员对工程特点、技术质量要求、施工方法与措施和安全管理等方面有一个详细的了解，以便于科学地组织施工，避免事故的发生。各项技术交底记录也是工程技术档案资料的重要组成部分。

（2）技术交底的分类

技术交底包括下列几种：

1）设计交底，俗称设计图纸交底。如本章第四节第 4 题所述。

2）施工组织设计交底。由项目施工技术负责人向施工工地进行交底。将施工组织设计要求的全部内容进行交底，使现场施工人员对工程概况、施工部署、施工方法与措施、施工进度与质量要求等方面，有一个较全面的了解，以便于在施工中充分发挥各方面的积极性，确保工程项目按期、保质、安全地在实现工程造价管理目标、环保节能目标等的前提下顺利建成。

3）分项工程技术交底。在一项工程施工前，由工地技术负责人（施工员）向施工队（组）长进行的交底。通过交底，使直接生产操作者能抓住关键，以便能按图顺利施工。分部、分项工程技术交底是基层施工单位一项重要的技术活动，必须引起足够重视。

2. 防火、防水工程施工技术交底文件包括的内容有哪些？

答：（1）防火、防水工程施工技术交底文件安全技术交底内容

1）现场的施工人员必须严格遵照我现场的安全规定及要求进行施工。

2）施工现场必须建立健全防火制度和防火岗位责任制，配备齐全、完好、有效的消防灭火器具、设备，并放置在人员活动明显可见的地方，便于发生火灾时，随时取用补救，防止火势蔓延成灾。

3）使用喷枪点火时，火嘴不准对人。材料存放于专人负责的库房，严禁烟火并挂有醒目的警告标志和防火措施。

4）施工现场的各种安全设施、设备和警告、安全标志等未经领导同意不得任意拆除和随意挪动。

5）夜间施工应有照明设备；保持消防车通道畅通无阻，防水物资堆放不得堵住消防通道。

6）装卸溶剂，如汽油等容器，必须配软垫不准猛推猛撞。使用容器后其容器盖必须及时盖严。

7）六级以上大风应停止作业。

8）防水卷材采用热熔粘结使用明火操作时应申请办理用火证在每个用火点设防火措施，并设专人看火。配有灭火器材周围30m以内不准有易燃物并保持消防道路畅通。

9）使用聚氨酯防水涂料施工时，禁止明火，在周边禁止电焊等作业，并在施工点周边设置防火措施，配有灭火器材。

10）施工现场发生伤亡事故必须立即报告领导抢救伤员保护现场。

11）未竟事宜，必须请示并在许可后方可施工，不得擅自做主，野蛮施工。

（2）针对性交底

1）防水卷材施工时禁止使用液化气，只允许使用喷灯。

2）聚氨酯防水涂料施工时禁止明火，禁止吸烟。

3. 建筑室内吊顶工程施工技术交底文件包括哪些内容？

答：室内轻钢龙骨石膏板吊顶工程技术交底文件的主要内容如下。

（1）工程概况

工程大部分地块主体结构已完成，正进行室内装饰装修工程。工程涉及石膏板吊顶和铝扣板吊顶，在施工过程中为了保证吊顶施工质量，特作以下交底。

（2）注意事项

① 操作流程

弹线安装主龙骨吊杆→安装主龙骨→安装次龙骨→安装石膏板料→饰面清理→分项验收。

② 施工做法

a. 安装完顶棚内的各种管线及通风道，确定好灯位、通风口及各种露明孔口位置。

b. 各种材料全部配套齐全，做完墙地湿作业工程项目。

c. 在大面积施工前，对顶棚的起拱度、灯槽洞口的构造处理，分块及固定方法等经试装，并经鉴定认可后方可大面积施工。

d. 根据楼层标高水平线，用尺竖向量至顶棚设计标高，沿墙、柱四周弹顶棚标高水平线，并沿顶棚的标高水平线，在墙或柱上划好龙骨分档位置线。

e. 安装大龙骨吊杆：在弹好顶棚标高水平线及龙骨位置线后，确定吊杆下端头的标高，按大龙骨位置及吊挂间距，将吊杆无螺栓丝扣的一端用与楼板膨胀螺栓固定。

f. 安装大龙骨：配装好吊杆螺母，在大龙骨上预先安好吊挂件，安装大龙骨，将组装好吊挂件的大龙骨，按分档线位置使挂件穿入相应应的吊杆螺栓，拧好螺母。相接大龙骨、装连接件，拉线调整标高和平直，安装洞口附加大龙骨，参照图集相应节点构造，设置及连接卡固、钉固靠边龙骨，采用射钉固定。

g. 安装中龙骨：按已弹好的中龙骨分档线，卡放中龙骨吊挂件，吊挂中龙骨，按设计规定的中龙骨间距，将中龙骨通过吊挂件，吊挂在大龙骨上，一般间距为 $400\text{mm} \times 400\text{mm}$。当中龙骨长度需多根延续接长时，用中龙骨连接件在吊挂中龙骨的同时相接，调直固定。

h. 安装小龙骨：按已弹好的小龙骨分档线，卡装小龙骨吊挂件，吊挂小龙骨。按设计规定的小龙骨间距，将小龙骨通过吊挂件，吊固在中龙骨上，一般间距为 $400\text{mm} \times 400\text{mm}$，当小龙骨长度需多根延续接长时用小龙骨连接件，在吊挂小龙骨的同时，将相对端头相接，调直固定，当采用 T 型龙骨组成轻钢骨架时，小龙骨应在安装罩面板时，每装一块罩面板先后各装一根卡挡小龙骨。

i. 安装罩面板应按照建筑构造通用图集节点要求安放。

③ 质量标准

a. 轻钢骨架和罩面板的材质、品种、式样、规格应符合设计要求。

b. 轻钢骨架的大、中、小龙骨安装必须正确，连接牢固，无松动。

c. 罩面板应无脱层、翘曲、折裂、缺楞掉角。安装必须牢固。

4. 轻钢龙骨隔墙施工工程施工技术交底文件包括哪些主要内容？

答：轻钢龙骨隔墙施工工程施工技术交底文件包括下列内容：

（1）各类龙骨、配件和罩面板材料以及胶粘剂的材质均应符合现行国家标准和行业标准的规定。当装饰材料进场检验，发现不符合设计要求及室内环保污染控制规范的有关规定时，严禁使用。

1）轻钢龙骨主件：沿顶龙骨、沿地龙骨、加强龙骨、竖向龙骨、横撑龙骨应符合设计要求和有关规定的标准。

2）轻钢骨架配件：支撑卡、卡托、角托、连接件、固定件、护墙龙骨和压条等附件应符合设计要求。

3）紧固材料：拉锚钉、膨胀螺栓、镀锌自攻螺丝、木螺丝和粘贴嵌缝材，应符合设计要求。

4）罩面板应表面平整、边缘整齐、不应有污垢、裂纹、缺角、翘曲、起皮、色差、图案不完整的缺陷。胶合板、木质纤维板不应脱胶、变色和腐朽。

（2）填充隔声材料：玻璃棉、岩棉等应符合设计要求选用。

（3）通常隔墙使用的轻钢龙骨为 C 型隔墙龙骨，其中分为三个系列，经与轻质板材组合即可组成隔断体。

C 型装配式龙骨系列：

1）C50 系列可用于层高 3.5m 以下的隔墙；

2）C75 系列可用于层高 3.5～6m 的隔墙；

3）C100 系列可用于层高 6m 以上的隔墙。

操作工艺包括如下内容：

（1）在基体上弹出水平线和竖向垂直线，以控制隔断龙骨安装的位置、龙骨的平直度和固定点。

（2）隔断龙骨的安装：

1）沿弹线位置固定沿顶和沿地龙骨，各自交接后的龙骨，应保持平直。固定点间距应不大于 1000mm，龙骨的端部必须固定牢固。边框龙骨与基体之间，应按设计要求安装密封条。

2）当选用支撑卡系列龙骨时，应先将支撑卡安装在竖向龙骨的开口上，卡距为 400～600mm，距龙骨两端为 20～125mm。

3）选用通贯系列龙骨时，高度低于 3m 的隔墙安装一道；3～5m 时安装两道；5m 以上时安装三道。

4）门窗或特殊节点处，应使用附加龙骨，加强其安装应符合设计要求。

5）隔断的下端如用木踢脚板覆盖，隔断的罩面板下端应离地面 20～30mm；如用大理石、水磨石踢脚时，罩面板下端应与踢脚板上口齐平，接缝要严密。

6）骨架安装的允许偏差，应符合有关规范的规定。检验方法为：立面垂直度用 2m 托线板检查；表面平整度用 2m 直尺和楔形塞尺检查。

（3）石膏板安装：

1）安装石膏板前，应对预埋隔断中的管道和附于墙内的设备采取局部加强措施。

2）石膏板应竖向铺设，长边接缝应落在竖向龙骨上。

3）双面石膏罩面板安装，应与龙骨一侧的内外两层石膏板错缝排列接缝不应落在同一根龙骨上；需要隔声、保温、防火的应根据设计要求在龙骨一侧安装好石膏罩面板后，进行隔声、保温、防火等材料的填充；一般采用玻璃丝棉或 30~100mm 岩棉板进行隔声、防火处理；采用 50~100mm 苯板进行保温处理。再封闭另一侧的板。

4）石膏板应采用自攻螺钉固定。周边螺钉的间距不应大于 200mm，中间部分螺钉的间距不应大于 300mmn，螺钉与板边缘的距离应为 10~16mm。

5）安装石膏板时，应从板的中部开始向板的四边固定。钉头略埋入板内，但不得损坏纸面；钉眼应用石膏腻子抹平。

6）石膏板应按框格尺寸裁割准确；就位时应与框格靠紧，但不得强压。

7）隔墙端部的石膏板与周围的墙或柱应留有 3mm 的槽口。施铺罩面板时，应先在槽口处加注嵌缝膏，然后铺板并挤压嵌缝膏使面板与邻近表层接触紧密。

8）在丁字型或十字型相接处，如为阴角应用腻子嵌满，贴上接缝带，如为阳角应做护角。

9）石膏板的接缝，一般为 3~6mm 缝，必须坡口与坡口相接。

质量标准要求如下：

（1）主控项目：

1）轻钢骨架和罩面板材质、品种、规格、式样应符合设计要求和施工规范的规定。人造板粘结剂必须有游离甲醛含量或游离甲醛释放量及苯含量检测报告。

2）轻钢龙骨架必须安装牢固，无松动，位置正确。

3）罩面板无脱层、翘曲、折裂、缺楞掉角等缺陷，安装必须牢固。

（2）一般项目：

1）轻钢龙骨架应顺直，无弯曲、变形和劈裂。

2）罩面板表面应平整、洁净，无污染、麻点、锤印，颜色一致。

3）罩面板之间的缝隙或压条，宽窄应一致，整齐、平直、压条与板接缝严密。

4）骨架隔墙面板安装的允许偏差按规范规定。

成品保护要求如下：

（1）隔墙轻钢骨架及罩面板安装时，应注意保护隔墙内装好的各种管线。

（2）施工部位安装的门窗，已施工完的地面、墙面、窗台等应注意保护、防止损坏。

（3）轻钢骨架材料，特别是罩面板材料，在进场、存放、使用过程中应妥善管理，使其不变形、不受潮、不损坏、不污染。

5. 软包墙面工程施工技术交底文件包括哪些内容？

答：软包墙面工程施工技术交底文件包含的内容如下：

本工艺标准适用于工业与民用和公共建筑工程的室内高级软包墙面装饰工程，如锦缎、皮革等面料。

（1）材料要求

1）软包墙面木框、龙骨、底板、面板等木材的树种、规格、等级、含水率和防腐处理，必须符合设计图纸要求和《木结构工程施工质量验收规范》GB 50206 的规定。

2）软包面料及其他填充材料必须符合设计要求，并应符合建筑内装修设计防火的有关规定。

3）龙骨料一般用红白松烘干料，含水率不大于 12%，厚度应根据设计要求，不得有腐朽、节疤、劈裂、扭曲等疵病，并预先经防腐处理。

4）面板一般采用胶合板（五合板），厚度不小于 3mm，颜色、花纹要尽量相似，用原木板材作面板，一般采用烘干的红白松、椴木和水曲柳等硬杂木，含水率不大于 12%。其厚度不小于 20mm，且要求纹理顺直、颜色均匀、花纹近似，不得有节疤、扭曲、裂缝、变色等疵病。

5）外饰面用的压条、分格框料和木贴脸等面料，一般采用工厂加工的半成品烘干料，含水率不大于 12%，厚度应根据设计要求且外观没毛病的好料；并预先经过防腐处理。

6）辅料有防潮纸或油毡、乳胶、钉子（钉子长应为面层厚的 2～2.5 倍）、木螺丝、木砂纸、氟化钠（纯度应在 75% 以上，不含游离氟化氢，它的黏度应能通过 120 号筛）或石油沥青（一般采用 10 号、30 号建筑石油沥青）等。

7）如设计采取轻质隔墙做法时，其基层、面层和其他填充材料必须符合设计要求和配套使用。

8）罩面材料和做法必须符合设计图纸要求，并符合建筑内装修设计防火的有关规定。

（2）主要机具

木工工作台，电锯，电刨，冲击钻，手枪钻，切、裁织物布、革工作台，钢板尺（1m 长），裁织革刀，毛巾，塑料水桶，塑料脸盆，油工刮板，小辊，开刀，毛刷，排笔，擦布或棉丝，砂纸，长卷尺，盒尺，锤子，各种形状的木工凿子，线锯，铝制水平尺，方尺，多用刀，弹线用的粉线包，墨斗，小白线，笤帚，托线板，线坠，红铅笔，工具袋等。

（3）作业条件

1）混凝土和墙面抹灰已完成，基层按设计要求木砖或木筋已埋设，水泥砂浆找平层已抹完灰并刷冷底油，且经过干燥，含水率不大于 8%；木材制品的含水率不得大于 12%。

2）水电及设备，墙上预留预埋件已完成。

3）房间里的吊顶分项工程基本完成，并符合设计要求。

4）房间里的地面分项工程基本完成，并符合设计要求。

5）房间里的木护墙和细木装修底板已基本完成，并符合设计要求。

6）对施工人员进行技术交底时，应强调技术措施和质量要求。大面积施工前，应先做样板间，质检部门鉴定合格后，方可组织班组施工。

（4）工艺流程

1）基层或底板处理→吊直、套方、找规矩、弹线→计算用料、套裁面料→粘贴面料→安装贴脸或装饰边线、刷镶边油漆→软包墙面。

原则上是房间内的地、顶内装修已基本完成，墙面和细木装修底板做完，开始做面层装修时插入软包墙面镶贴装饰和安装工程。

2）基层或底板处理。凡做软包墙面装饰的房间基层，大都是事先在结构墙上预埋木砖、抹水泥砂浆找平层、刷喷冷底子油。铺贴一毡二油防潮层、安装 50mm×50mm 木墙筋（中距为 450mm）、上铺五层胶合板。此基层或底板实际是该房间的标准做法。如采取直接铺贴法，基层必须作认真的处理，方法是先将底板拼缝用油腻子嵌平密实、满刮腻子 1～2 遍，待腻子干燥后用砂纸磨平，粘贴前，在基层表面满刷清油（清漆＋香蕉水）一道。如有填充层，此工序可以简化。

3）吊直、套方、找规矩、弹线。根据设计图纸要求，把该房间需要软包墙面的装饰尺寸、造型等通过吊直、套方、找规矩、弹线等工序，把实际设计的尺寸与造型落实到墙面上。

4）计算用料、套裁填充料和面料。首先根据设计图纸的要求，确定软包墙面的具体做法。一般做法有二种，一是直接铺贴法（此法操作比较简便，但对基层或底板的平整度要求较高），二是预制铺贴镶嵌法，此法有一定的难度，要求必须横平竖直、不得歪斜，尺寸必须准确等。需要做定位标志以利于对号入座。然后按照设计要求进行用料计算和底衬（填充料）、面料套裁工作。注意同一房间、同一图案与面料必须用同一卷材料和相同部位（含填充料）套裁面料。

5）粘贴面料。如采取直接铺贴法施工时，应待墙面细木装修基本完成、边框油漆达到交活条件，方可粘贴面料；如果采取预制铺贴镶嵌法，则不受此限制，可事先进行粘贴面料工作。首

255

先按照设计图纸和造型的要求先粘贴填充料（如泡沫塑料、聚苯板或矿棉、木条、五合板等），按设计用料（粘结用胶、钉子、木螺丝、电化铝帽头钉、铜丝等）把填充垫层固定在预制铺贴镶嵌底板上，然后把面料按照定位标志找好横竖坐标上下摆正，首先把上部用木条加钉子临时固定，然后把下端和二侧位置找好后，便可按设计要求粘贴面料。

6）安装贴脸或装饰边线。根据设计选择和加工好的贴脸或装饰边线，应按设计要求先把油漆刷好（达到交活条件），便可把事先预制铺贴镶嵌的装饰板进行安装工作，首先经过试拼达到设计要求和效果后，便可与基层固定和安装贴脸或装饰边线，最后修刷镶边油漆成活。

6. 怎样编写楼、地面工程施工技术交底文件并实施交底工作文件？

答：混凝土地面施工技术交底包括如下内容：

（1）混凝土地面（分层做法，自下而上）

1）素土夯实，压实系数 0.90；

2）100mm 厚 3∶7 灰土垫层夯实；

3）60mm 厚 C20 混凝土随打随抹，上撒 1∶1 水泥砂子压实赶光。

（2）地面（分层做法，自下而上）

1）素土夯实，压实系数 0.90；

2）100mm 厚 3∶7 灰土垫层夯实；

3）50mm 厚 C10 混凝土；

4）素水泥结合层一道；

5）20mm 厚 1∶3 水泥砂浆找平；

6）6mm 厚建筑胶水泥砂浆粘结层；

7）稀水泥浆擦封应用于：料具间、工具间、列尾作业室、门厅、走道、楼梯间等地面。

铺地砖地面施工技术交底包括如下内容：

（3）铺地砖地面（分层做法，自下而上）

1）素土夯实，压实系数 0.90；

2）100mm 厚 3∶7 灰土垫层夯实；

3）最薄处 30mm 厚 C15 细石混凝土，从门口向地漏处找 1％的坡；

4）3mm 厚高聚物改性沥青涂膜防水层；

5）35mm 厚 C15 细石混凝土随打随抹；

6）6mm 厚建筑胶水泥砂浆粘结层；

7）地砖表面低于走道 20mm，稀水泥浆擦封应用于：厕所、盥洗、浴室。

各项材料均需经过试验室取样并检测合格方可使用，并满足以下规定：

（1）水泥：选用 42.5 级硅酸盐水泥，进场时必须有质量证明书及复试试验报告。

（2）土：宜优先采用基槽挖出的土，土料中所含有机质不得大于 5％，使用前应先过筛，其粒径不大于 15mm。

（3）石灰：熟化石灰一般采用 1～3 等的块状生石灰或磨细生石灰。其中块状石灰不应小于 70％，在使用前 3～4 天清水予以熟化，充分消解成粉状，并加以过筛。其最大粒径不超过 5mm，并不得夹有未熟化的生石灰块。

（4）粗骨料：采用碎石和卵石，粗骨料的级配要适宜，其最大粒径不应大于垫层厚度的 2/3，含泥量不大于 2％。

（5）砂：宜采用含泥量不大于 3％的中粗砂，其质量符合现行标准规定。

（6）主要机具：混凝土搅拌机，蛙式打夯机、手推车、铁锹、铁抹子、木抹子、筛子、钢丝刷子、粉笔、尺子、靠尺等。

主要施工工艺包括如下内容：

（1）灰土拌合。灰土拌合料应拌合均匀，颜色一致，并保持一定的湿度，加水量宜为拌合料总重量的 16％。简易的检验方法是：以手握成团，两指轻捏即碎为宜。如土料水分过大或不足时应晾干或洒水湿润。灰土完成后，应拉线或用靠尺检查标高和平整度，超高处用铁锹铲平；低洼处应及时补打灰土。灰土垫层冬期施工，不得在基土受冻状态下铺设灰土，土料中不得含有冻块，应覆盖保温。当日拌合灰土，应当日铺完夯完，夯完的灰土表面应用塑料薄膜和草地覆盖保温。

（2）找平层施工：

1）清理基层：浇筑混凝土前，应清除基层的淤泥和杂物。基层表面的平整度应控制在 10mm 内。

2）找标高、弹性：在墙上弹出标高控制线，采用细石混凝土或水泥砂浆找平墩控制找平层标高，找平墩 60mm×60mm，高度同找平层厚度，双向布置，间距不大于 2m。用水泥砂浆做找平层时，还应冲筋。

3）混凝土或砂浆搅拌：搅拌机使用前检查其工作是否正常。混凝土搅拌时应先加石子，后加水泥，最后加砂和水，其搅拌时间不得少于 1.5min。当掺有外加剂时，搅拌时间可适当延长。水泥砂浆搅拌先向已转动的搅拌机内加入适量的水，再按配合比将水泥和砂子先后投入，再加水至规定配合比，搅拌时间不得小于 2min。水泥砂浆一次拌制不得过多，应随拌随拌。砂浆放置时间不得过长，应在初凝前用完。

4）铺设前，将基层湿润，并在基底上刷一道素水泥浆或界面结合剂，随刷随铺混凝土或砂浆。混凝土或砂浆铺设应从一端开始，由内向外连续铺设。混凝土应连续浇筑，间歇时间不得超过 2h。如间歇时间过长，应分块浇筑，接触处按施工缝处理，接缝和裂缝等缺陷。

5）混凝土应尽量减少运输时间，从卸料到使用完时间不超过 120min。水泥砂浆储存在不漏水的储灰器中，并随拌随用。

6）找平层灌注完毕后应及时养护，混凝土强度达到 1.2MPa 以上时，施工人员才可在其上行走。

（3）水泥混凝土面层质量要求：

1）面层表面不应有裂缝、脱皮、麻面、起砂等缺陷。

2）面层表面的坡度应符合设计要求，不得有泛水和积水现象。

3）水泥砂浆踢脚线与墙面紧密结合，高度一致，出墙厚度均匀。

4）楼梯踏步的宽度、高度应符合设计要求，楼梯踏步的齿角应整齐，防滑条应顺直。

5）当水泥混凝土整体面层的抗压强度达到设计要求后，其上面方可走人，且在养护期内严禁在饰面上推动手推车、放重物品及随意踩踏。

6）施工时，要做好水电立管等预埋管件的保护，保护好地漏、出水口等部位的临时堵头，以防灌入浆液杂物造成堵塞。

7）水泥混凝土面层的允许偏差应符合规范规定的水泥混凝土面层的允许偏差和检验方法项次项目允许偏差。

安全保证措施包括如下内容：

（1）灰土铺设，粉化石灰和石灰过筛，操作人员应戴好口罩、风镜、手套、套袖等劳动防护用品，并站在上风头作业。

（2）施工机械用电必须采用三级配电两级保护，使用三相五线制，严禁乱拉乱接。

（3）打夯机操作人员，必须佩戴绝缘手套和穿绝缘鞋，防止漏电伤人。打夯机绝缘线使用前要检查，保证完好，接地线。使用打夯机必须由两人操作，其中一人负责移动打夯机胶片电线。

（4）混凝土及砂浆搅拌机施工中应定期对其进行检查、维修，保证机械使用安全。

（5）落地砂浆应在初凝前及时回收，回收的砂浆不得含有杂物。

（6）清理楼面时，禁止从窗口、施工洞口和阳台等处直接向外抛掷物品、杂物。

（7）操作人员剔除地面时要带防护眼镜。

（8）特种工种作业人员必须持证上岗。

（9）夜间施工或在光线不足的地方施工时，应满足施工用电的要求。

（10）基层处理、切割块料时，操作人员宜戴上口罩、耳塞，防止吸入粉尘和切割噪声，危害人身健康。

（11）切割砖块料时，宜加装挡尘罩，同时在切割地点洒水，防止粉尘对人的伤害及对大气的污染。

（12）活动地板施工现场要求通风、防火措施，严禁吸烟，以免引起火灾。

环境保护措施如下：

（1）在机械化施工过程中，要尽量减少噪声、废气、废水及尘埃等的污染，以保障人民的健康，运转中尘埃过大时要及时洒水。

（2）清理施工机械、设备及机械的废水、废油等有害物质以及生活污水，不得直接排放入河流、池塘或其他水域中，也不得倾泻于饮用水源附近的土地上，以防污染水源和土壤。

7. 幕墙工程验收时应具备哪些文件和记录？

答：幕墙工程验收时应具备下列文件和记录：

（1）幕墙工程的施工图、结构计算书、设计说明及其他设计文件。

（2）建筑设计单位对幕墙工程设计的确认文件。

（3）幕墙工程所用各种材料、五金配件、构件及组件的产品合格证书、性能检测报告、进厂验收记录和复检报告。

（4）幕墙工程所用硅酮结构胶的认定证书和抽查合格证明；进口硅酮结构胶的商检证；国家指定检测机构出具的硅酮结构胶相容性和剥离粘结性试验报告；石材用密封胶的耐污染性试验报告。

（5）后置埋件的现场拉拔强度检测报告。

（6）打胶、养护环境的温度、湿度记录；双组分硅酮结构胶的混匀性试验试验记录及拉断试验记录。

（7）防雷装置测试记录。

（8）隐蔽工程验收记录。

（9）幕墙构件和组件的加工制作记录；幕墙施工安装记录。

第六节　装饰装修工程质量检查、验收、评定

1. 建筑工程质量验收的程序和组织的内容有哪些？

答：（1）检验批及分项应由监理工程师（建设单位项目技术负责人）组织施工单位项目专业质量（技术）负责人等进行验收。

（2）分部工程应由总监理工程师（建设单位项目负责人）组织施工单位项目负责人和技术、质量负责人等进行验收；地基与基础、主体结构分部工程的勘察、设计单位工程项目负责人和施工单位技术、质量部门负责人也应参加相关分部工程验收。

（3）单位工程完工后，施工单位自行组织有关人员进行检验评定，并向建设单位提交工程验收报告。

（4）建设单位收到工程验收报告后，应由建设单位项目负责人组织工地（含分包单位）、设计、监理单位项目负责人进行单位（子单位）工程验收。

（5）单位工程由分包单位施工时，分包单位对所承包的工程项目应按国家有关标准规定的程序检查评定，总包单位派人参加，分包工程完工后，应将工程有关资料交总包单位。

（6）当参加验收各方对工程质量验收意见不一致时，可请当地建设行政主管部门或工程监督机构机构协调处理。

（7）单位工程质量验收合格后，建设单位应在规定的时间内将工程竣工验收报告和有关文件，报建设行政主管部门备案。

2. 检验批、分项工程、分部（子分部）工程、单位（子单位）工程质量验收合格应符合哪些规定？

答：（1）检验批合格质量验收合格应符合下列规定：

1）主控项目和一般项目的质量经抽样检验合格；

261

2）具有完整的施工操作依据、质量检查记录。

（2）分项工程质量验收合格应符合下列规定：

1）分项工程所含的检验批应符合合格质量的规定；

2）分项工程所含的检验批的质量验收记录应完整。

（3）分部（子分部）工程质量验收合格应符合下列规定：

1）分部（子分部）工程所含的分项工程质量均应验收合格；

2）质量控制资料应完整；

3）装饰装修工程观感质量验收应符合有关规定。

（4）单位（子单位）工程质量验收合格应符合下列规定：

1）单位（子单位）工程所含分部（子分部）工程的质量均应验收合格；

2）质量控制资料应完整；

3）单位（子单位）工程所含分部（子分部）工程有关安全和功能的检验资料应完整；

4）主要功能项目的抽查结果应符合相关专业质量验收规范的规定；

5）观感质量验收应符合要求。

3. 怎样填写检验批和分项工程质量验收记录表？

答：（1）检验批的质量验收记录

检验批的质量验收记录由工程项目专业质量检查员填写，监理工程师（建设单位项目专业技术负责人）组织项目专业质量检查员等进行验收，并填写统一格式的检验批的质量验收记录表。其中主要包括：

1）检验批的资料检查和实物检查；

2）检验批合格质量的判定；

3）主控项目；

4）一般项目。

（2）分项工程的质量验收记录

分项工程质量应由监理工程师（建设单位项目专业技术负责

人）组织项目专业技术负责人等进行验收，并填写相关验收记录表。

分项工程的验收在检验批的基础上进行。一般情况下，两者具有相近或相同的性质，只是批量的大小不同而已。

4. 怎样填写分部（子分部）工程及单位（子单位）工程质量验收记录表？

答：（1）分部（子分部）工程

分部（子分部）工程质量应由总监理工程师（建设单位项目专业负责人）组织施工项目经理和有关勘察、设计单位项目负责人进行验收，并填写相应表格。

分部工程的各分项工程必须已验收合格且相应的质量控制资料文件必须完整，者是验收的基本条件。此外，由于各分项工程的性质不尽相同，因此，作为分部工程不能简单地组合加以验收，尚需增加以下两类检查。

1）涉及安全和使用功能的地基基础、主体结构，有关安全及重要使用功能的安装分部工程应进行有关见证取样送样试验或抽样检测。

2）观感质量验收，这类检查往往难以定量，只能以观察、触摸、简单量测的方式进行，并由个人的经验和主管印象评判，显然，这种检查结果给出"合格"或"不合格"的结论是不科学、不严谨的，而只应给出综合质量评价。对于"差"的检查点应通过返修处理等补救。

（2）单位（子单位）工程

单位（子单位）工程验收记录由施工单位填写，验收结论由监理（建设）单位填写。综合验收结论由参加验收各方共同商定，建设单位填写，应对工程质量是否符合设计和规范要求及总体质量水平做出评价。

单位（子单位）工程竣工验收记录表中填写的验收记录要有依据，质量控制资料检查栏中应根据单位（子单位）工程质量控制资料检查记录中的项数，逐项检查，检查时应注意是否有漏项。安全和使用功能检查及抽查结果一栏中应根据单位（子单位）工程安全和使用功能检验资料检查及主要功能抽查记录填写，检查系指该工程中应有的全部项目，并不得缺项，抽查结果系指工程质量验收时验收组协商确定抽查的项目，该抽查可以是验收组现场抽查，也可以是委托检测单位检查。

5. 隐蔽工程验收填写要点有哪些？

答：（1）工程名称：与施工图纸中图签一致。

（2）隐蔽项目：应按检查项目填写，具体写明（子）分部工程名称和施工工序主要检验内容。隐检写明栏填写举例：门窗工程（预埋件、锚固件或螺栓安装）、吊顶工程（龙骨、吊件、填充材料安装）。

（3）隐检部位：按实际检查部位填写，如"层"填写地下/地上层；"标高"填写墙柱梁板等的起止标高或顶标高。

（4）检查时间：按实际检查时间填写。

（5）隐检依据：施工图纸、设计变更、工程洽商及相关的施工质量验收规范、标准、规程；验收工程的施工组织设计、施工方案、技术交底等。特殊的隐检项目如新材料、新工艺、新设备等要标注具体的执行标准文号或企业标准文号。

（6）隐检记录编号：按专业工程分类编号填写并填入右上角的编号栏，编号按有关规定方式进行。按组卷要求进行组卷。

（7）主要材料名称及规格/型号；按实际发生材料、设备填写，个别主要材料的规格/型号要表述清楚。

（8）隐检内容：应将隐检的项目、具体内容描述清楚。主要验材料的复试报告单编号。主要连接件的复试报告编号，主要施工方法。若文字不能表述清楚，可用示意图说明。

（9）审核意见。审核意见要明确，隐检的内容是否符合要求要描述清楚。然后给出审核结论，根据检查情况在相应的结论栏中打钩。在隐检中一次验收未通过的要注明质量问题，并提出复查要求。

（10）复查结论。此栏主要是针对一次验收出现的问题进行复查，因此要对质量问题改正的情况描述清楚。在复查中仍出现不合格项，按不合格品处理。

（11）隐蔽工程验收表由施工单位填报，其中审核意见，复查结论由监理单位填写。

（12）隐检表格实行"计算机打印，手写签名"，各方签字后生效。

（13）建设单位、施工单位、城建档案馆各保留一份。

6. 施工质量问题的处理的依据及处理方式各有哪些?

答：（1）施工质量问题处理的依据

施工质量问题处理的依据包括以下内容：

1）质量问题的实况资料。包括质量问题发生的时间、地点；质量问题描述；质量问题发展变化情况；有关质量问题的观测记录、问题现状的照片或录像；调查组调查研究所获得的第一手资料。

2）有关合同及合同文件。包括工程承包合同、设计委托协议、设备与器材的购销合同、监理合同及分包合同。

3）有关技术文件和档案。主要的是有关设计文件（如施工图纸和技术说明）、与施工有关的技术文件、档案和资料（如施工方案、施工计划、施工记录、施工日志、有关建筑材料的质量证明资料、现场制备材料的质量证明材料、质量事故发生后对事故状况的观测记录、试验记录和试验报告等）

4）相关的建设法规。主要包括《建筑法》、《建筑工程质量管理条例》及与工程质量及工程质量事故处理有关的法规，以及勘察、设计、施工、监理等单位资质管理方面的法规、从业者资格管理方面的法规、建筑市场方面的法规、建筑施工方面的法规、关于标准化管理方面的法规等。

（2）施工质量问题处理的方式

1）以返工重做更换器具、设备的检验批，应重新进行检验。

2）经有资质的检测单位检测鉴定能够达到设计要求的检验批，应予以验收。

3）经有资质的检测单位检测鉴定达不到设计要求，但经原设计单位核算认可能够满足结构安全和使用功能的检验批，可予以验收。

4）通过返修和加固处理的分项、分部工程，虽然改变外形尺寸但仍能满足安全和使用功能要求，可按技术处理方案和协商文件进行验收。

5）通过返修或加固处理仍不能满足安全使用要求的分项工程、单位（子单位）工程严禁验收。

7. 施工质量问题的处理的程序有哪些？

答：（1）施工质量问题的处理的一般程序

发生质量问题→问题调查→原因分析→处理方案→设计施工→检查验收→结论→提交处理报告。

（2）施工质量问题处理中应注意的价格问题

1）施工质量问题发生后，施工项目负责应按规定的时间和程序，及时向企业报告状况，积极组织调查。调查应力求及时、客观、全面，以便为分析处理问题提供正确的依据。要将调查结果整理撰写为调查报告，其主要内容包括：工程概况；问题概括；问题发生所采取的临时防护措施；调查中的有关数据、资料；问题原因分析与初步判断；问题处理的建议方案与措施；问题涉及人员与主要责任者的情况等。

2）施工质量问题的原因分析要建立在调查的基础上，避免情况不明就主观推断原因。特别是对涉及勘察、设计、施工、材料和管理等方面的质量问题，往往原因错综复杂，因此，必须对调查所得到的数据、资料进行仔细的分析，去伪存真，找出主要原因。

3）处理方案要建立在原因分析的基础上，并广泛听取专家及有关方面的意见，经科学论证，决定是否进行处理和怎样处理。在制定处理方案时，应做到安全可靠。技术可行，不留隐患，经济合理，具有可操作性，满足建筑功能和使用要求。

4）施工质量问题处理的鉴定验收。质量问题的处理是否达到预期的目的，是否依然存在隐患，应当通过检查鉴定作出确认。质量问题处理的质量检查鉴定，应严格按施工质量验收规范和相关的质量标准的规定进行，必要时还要通过实地测量、试验和仪器检测等方面获得必要的数据，以便正确地对事故处理结果作出鉴定。

8. 怎样进行幕墙隐蔽工程项目验收？

答：幕墙工程应对下列隐蔽工程项目进行验收：

（1）预埋件（或后置埋件）。

（2）构件的连接接点。

（3）变形缝及墙面转角处的构造节点。

（4）幕墙防雷装置。

（5）幕墙防火构造。

（6）预埋件安装按土建方提供的轴线，经复测后，上、下放钢丝线，为避免钢线摆动，每两层楼设一固定支点，用水平仪监测其准确性。幕墙支座的水平放线每 4m 设一个固定支点，用水平仪监测其准确性，同样按中心放线方法放出主梁的进出位线。每层的支座点焊后，用水平仪检测，相邻支座水平差应符合设计标准，支座的焊接应防止焊接时的受热变形，其顺序为上、下、左、右对称焊接并检查焊缝质量。

9. 吊顶子分部工程验收的一般规定有哪些？

答：对于龙骨加饰面板的吊顶工程，按照施工工艺不同，又可分为明龙骨吊顶和暗龙骨吊顶两种，其工程质量验收的一般规定如下：

（1）吊顶工程验收时应检查下列文件和记录：

1）吊顶工程的施工图、设计说明及其他设计文件。

2）材料的产品合格证书、性能检验报告、进场用三年后记录和复验报告。

3）隐蔽工程验收记录。

4）施工记录。

（2）吊顶工程应对人造木板的甲醛含量进行复验。

（3）吊顶工程应对下列隐蔽工程进行验收：

1）吊顶内管道、设备的安装及水管试压。

2）木龙骨防火、防腐处理。

3）预埋件或拉筋。

4）龙骨安装。

5）填充材料的设置。

（4）各分项工程检验批应按下列规定划分：同一品种的吊顶工程每 50 间（大面积房间和走廊按吊顶面积 $30m^2$ 为一间）应划分为一个检验批，不足 50 间的也应划分为一个检验批。

10. 饰面板（砖）子分部工程验收的一般规定有哪些？

答：对于板材隔墙、骨架隔墙、活动隔墙、玻璃隔墙等分项工程的质量验收应遵守如下规定：

（1）饰面板（砖）工程验收时应检查下列文件和记录：

1）饰面板（砖）工程的施工图、设计说明及其他设计文件。

2）材料的产品合格证书、性能检验报告、进场用三年后记录和复验报告。

3）后置埋件的现场拉拔检测报告。

4）外墙饰面砖样板件的粘结强度检测报告

5）隐蔽工程验收记录。

6）施工记录。

（2）饰面板（砖）工程应对下列材料及其性能指标进行复验：

1）室内用花岗岩的放射性。

2）粘贴用的水泥的凝结时间、安定性和抗压强度。

3) 外墙陶瓷面砖的吸水率。

4) 寒冷地区外墙陶瓷面砖的抗冻性。

（3）饰面板（砖）工程应对下列隐蔽工程进行验收：

1) 预埋件（或后置埋件）。

2) 连接节点。

3) 预埋件或拉筋。

4) 防水层。

（4）各分项工程检验批应按下列规定划分：

1) 相同材料、工艺和施工条件的室内饰面板（砖）工程每50间（大面积房间和走廊按施工面积面积 $30m^2$ 为一间）应划分为一个检验批，不足 50 间的也应划分为一个检验批。

2) 相同材料、工艺和施工条件的室内饰面板（砖）工程每 $500\sim1000m^2$ 划分为一个检验批，不足 $500m^2$ 也应划分为一个检验批。

11. 轻质隔墙子分部工程验收的一般规定有哪些？

答：对于饰面板安装、饰面板粘贴等分项工程的质量验收应遵守如下规定：

（1）轻质隔墙工程验收时应检查下列文件和记录：

1) 轻质隔墙的施工图、设计说明及其他设计文件。

2) 材料的产品合格证书、性能检验报告、进场用三年后记录和复验报告。

3) 隐蔽工程验收记录。

4) 施工记录。

（2）轻质隔墙工程应对人造木板的甲醛含量进行复验。

（3）轻质隔墙程应对下列隐蔽工程进行验收：

1) 骨架隔墙中设备的安装及水管试压。

2) 木龙骨防火、防腐处理。

3) 预埋件或拉筋。

4) 龙骨安装。

5）填充材料的设置。

（4）各分项工程检验批应按下列规定划分：

同一品种的轻质隔墙工程每 50 间（大面积房间和走廊按轻质隔墙的面积 $30m^2$ 为一间）应划分为一个检验批，不足 50 间的也应划分为一个检验批。

（5）轻质隔墙与顶棚和其他墙体的交接处应采取防开裂措施。

（6）民用建筑轻质隔墙工程的隔声性能应符合现行国家标准《民用建筑隔声设计规范》GB 50118 的规定。

第七节　质量缺陷的分析和处理

1. 地下防水混凝土结构裂缝、渗水的质量缺陷原因有哪些？预防措施有哪些？

答：（1）原因分析

1）混凝土振捣不密实，出现漏振、蜂窝、麻面等现象。

2）浇筑方法与顺序不当，混凝土未连续浇筑而产生施工缝，且未采取有效的措施处理。

3）浇筑前未做好降水措施，地下水位未低于底板以下 500mm。

4）底板大体积混凝土出现温差裂缝、收缩裂缝。

5）施工钢板止水带连接焊缝不严密施工缝止水带安装不牢固，甚至未设置止水带就浇筑混凝土。

6）后浇带处施工缝处理不彻底，造成局部混凝土不密实。

7）地下室外防水层质量差，不满足防水要求。

（2）预防措施

1）底板混凝土要一次性浇筑成型，不得中途停止，以免出现冷缝。

2）混凝土浇筑项连贯，混凝土间搭接必须在初凝前完成，以免产生冷缝。

3）大体积的混凝土在施工及养护过程中，采用适当措施以防止出现温差裂缝。

4）可采取在后浇带处预留企口槽或采用预埋止水钢板和止水条的方法避免该处渗漏。

5）地下室侧墙水平施工缝设置在地下室底板的板面300～500mm之间。

6）混凝土浇筑前，应将施工缝处杂物、松散混凝土浮浆及钢筋表面的铁锈等清理干净，在浇筑混凝土之前浇水充分湿润施工缝处混凝土，一般不宜少于24h，残留在混凝土表面的积水应予清除，确保新旧混凝土接触良好。

（3）一般工序

制订合理的施工方案→底板钢筋绑扎、模板安装→底板混凝土浇筑→墙板钢筋绑扎、止水带安装→墙板、顶板模板安装→顶板钢筋绑扎→墙板、顶板混凝土浇筑。

2. 楼地面工程的质量缺陷产生的原因是什么？预防措施有哪些？

答：（1）原因分析

1）混凝土地面，水泥砂浆面层收缩产生的不规则裂缝。

2）大面积水泥混凝土地面、楼面水泥砂浆层完成后没有按要求留置伸缩缝，或伸缩缝设置不合理，致使室内楼（地）面出现收缩裂纹。

（2）预防措施

1）横向收缩缝间距按轴线尺寸；纵向收缩缝间距≤6mm（横向两轴线间总长度均分）。

2）混凝土地面、水泥砂浆达到设计强度50%～70%时及时锯缝，要求缝线平直，锯缝宽度和深度符合要求（缝深度为板厚的1/3，宽度为5mm）。

3）地下室底板地面建议采用原浆压实抹光工艺。

（3）一般工序

基层清理干净湿润→楼面、地面施工→锯缝（混凝土水泥砂浆达到锯缝强度后）→分格缝清理，防水油膏填缝。

3. 外墙饰面砖空鼓、松动脱落、开裂渗漏的质量缺陷产生的原因是什么？预防措施有哪些？

答：（1）原因分析

1）外墙基础没有清理干净并淋水湿润就开始抹灰，导致抹灰层空鼓、开裂。

2）外墙找平层一次成活，抹灰过厚，导致抹灰层空鼓、开裂、下坠、砂眼、接槎不严实，成为藏水空隙、渗水通道。

3）外墙砖粘结前找平层及饰面砖未经淋水湿润，粘结砂浆失水过快，影响粘结质量。

4）饰面砖粘结时粘结砂浆没有铺满（紧靠手工挤压上墙），尤其砖块的周边（特别是四个角位）砂浆不饱满，留下渗水空隙和通道。

5）粘贴（或灌浆）砂浆强度低，干缩量大，粘结力差。

6）砖缝不能防水，雨水易入侵，砖块背面的粘结层基体发生干湿循环，削弱砂浆的粘结力。

（2）预防措施

1）找平层应具有独立的防水能力。找平层抹灰前可在基层涂刷一层界面剂，以提高界面的粘结力，并按设计要求在外墙面基层里铺挂加强网。

2）外墙面找平层至少两遍成活，并且养护不少于 3d，在粘贴砌砖之前，将基层空鼓、开裂的部位处理好，确保防水质量。

3）镶贴面砖前，基层、砖必须清理干净，用水充分湿润，待表面阴干无明显水迹时，即可涂刷界面处理剂（随刷随贴），粘贴砂浆宜采用聚合物砂浆。

4）外墙砖接缝宽度宜为 3～8mm，不得采用密封粘贴。

5）外墙砖勾缝应饱满、密实、无裂纹，选用具有抗渗性能和收缩率小的材料勾缝，如采用商品水泥基料的外墙砖勾缝材料，其稠度小于 50mm，将砖缝填满压实，待砂浆泌水后才进行勾缝，确保勾缝的施工质量。

（3）一般工序

基础、砖块清理干净，湿润→涂刷界面剂→抹底层水泥砂浆→养护待底层砂浆凝固后→涂刷界面剂→镶贴面砖→勾缝。

第八节　质量事故、事故处理

1. 质量事故调查处理的实况资料有哪些？

答：要清楚质量事故的原因和确定处理对策，首先要掌握质量事故的实际情况。有关质量事故实况资料包括：

（1）施工单位的质量事故调查报告的质量事故发生后，施工单位有责任就所发生的质量事故进行周密的调查、研究掌握情况，并在此基础上写出调查报告，提交监理工程师和业主。在调查报告中首先就与质量事故有关的实际情况作详尽的说明，其内容包括：

1）质量事故发生的时间、地点。

2）质量事故状况的描述。

3）质量事故发展变化的情况。

4）有关质量事故的观测记录、事故现场状态的照片或录像。

（2）监理单位调查研究所获得的第一手资料其内容大致与施工单位调查报告中有关内容相似，可用来与施工单位提供的情况对照、核实。

2. 如何分析质量事故的原因？

答：事故原因分析应建立在事故调查的基础上，其主要目的是分清事故的性质、类别及其危害程度，为事故处理提供必要的依据。因此，施工分析是事故处理工作程序中的一项关键工作，它包括如下几方面内容：

（1）确定事故原点

事故原点是事故发生的初始点，如房屋倒塌开始于某根柱的某个部位等。事故原点的状况往往反映出事故的直接原因。因此，在事故分析中，寻找与分析事故原点非常重要。找到事故原点后，就可围绕它对现场上各种现象进行分析。把事故发生和发展的全部揭示出来，从中找出事故的直接原因和间接原因。

（2）正确区别同类型事故的不同原因

同类事故，其原因会不同，有时差别很大。要根据调查的情况对事故进行认真、全面的分析，找出事故的根本原因。

（3）注意事故原因的综合性

不少事故，尤其是重大事故往往涉及设计、施工、材料产品质量和使用等几个方面。在事故原因分析中，要全面估计各种因素对事故的影响，以便采取综合治理措施。

第九节　质量资料

1. 怎样编制、收集、整理隐蔽工程的质量验收单？

答：隐蔽工程质量验收大的方面可分为：地基基础工程与主体结构工程隐蔽验收，建筑装饰装修工程隐蔽验收，建筑屋面工程隐蔽验收，建筑给水、排水及供暖工程隐蔽验收，建筑电气工程隐蔽验收，通风与空调工程隐蔽验收，电梯工程隐蔽验收及智能建筑工程隐蔽验收等。

隐蔽工程验收单通常包括工程名称、分项工程名称、隐蔽工程项目、施工标准名称及代号，隐蔽工程部位；项目经理，专业工长、施工单位、施工图名称及编号，施工单位自查记录，施工单位自查记录（检查结论和施工单位项目技术负责人签字），监理（建设单位）单位验收结论（监理工程师或建设单位项目负责人签字）。

2. 怎样收集原材料的质量证明文件、复验报告？

答：原材料的质量证明文件、复验报告包括的内容如下：

原材料序号，材料品种或等级，合格证号，生产厂家，进场数量，进场日期，复验报告编号，报告日期，主要使用部位及有关说明。表列表示时，须在表尾有技术负责人和质量检查员的签名。不同的原材料质量证明文件和复验报告的形式和内容不同，可根据需要复验的内容和项目设置。

3. 怎样收集单位（子单位）工程结构实体、功能性检测报告？

答：单位（子单位）工程结构实体、功能性检验资料核查及主要功能抽查记录表包含的内容有：

表头包括工程名称、施工单位、序号、项目、安全和功能检查项目、报告份数

检查意见、抽查结果、核查（抽查）人，表末尾还有附注说明的事项。其中核查的项目可分为：

（1）建筑与结构

1）屋面淋水试验记录。

2）地下室防水效果记录。

3）有防水要求的地面蓄水试验记录。

4）建筑物垂直度、标高、全高测量记录。

5）烟气（风）道工程检查验收记录。

6）幕墙及外窗气密性、水密性、耐风压检测报告。

7）建筑物沉降观测记录。

8）节能、保温测试记录。

9）室内外环境监测报告。

（2）给水排水与供暖

1）供水管道通风试验记录。

2）暖气管道、散热器压力试验记录。

3）卫生器具满水试验记录。

4）消防管道、燃气管道压力试验记录。

5）排水干管通球试验记录。

（3）电气

1）照明全负荷试验记录。

2）大型灯具牢固性试验记录。

3）避雷接地电阻试验记录。

4）线路、插座、开关接地检验记录。

（4）通风与空调

1）通风、空调试运行记录。

2）风量、温度测试记录。

3）洁净室洁净度测试记录。

4）制冷机组试运行调试记录。

（5）电梯

1）电梯运行记录。

2）电梯安全装置检测报告。

（6）智能建筑

1）系统试运行记录。

2）系统电源及接地检测报告。

4. 怎样收集分部工程的验收记录?

答：分部（子分部）工程质量应由总监理工程师（建设单位项目专业负责人）组织施工项目经理和有关勘察、设计单位项目负责人进行验收。分部工程质量验收记录表表头包括如下内容：工程名称，结构类型，参数，施工单位，项目经理，项目技术负责人，分包单位、分包单位负责人、分包项目经理。

序号、验收子分部工程名称、分项项数、施工单位评定结果、验收意见。验收的子分部工程名称包括：土方子分部工程、混凝土子分部工程、砌体基础子分部工程、地下防水子分部工程等，其次有质量控制资料、安全和功能检验（检测）报告、观感质量验收等。

验收单位包括：分包单位、施工单位、勘察单位、设计单位、监理单位（建设单位）等。签字人包括分包项目经理、施工单位项目经理、勘察单位项目负责人、设计单位项目负责人、总监理工程师或建设单位项目专业负责人。

5. 怎样收集单位工程的验收记录？

答：单位（子单位）工程验收记录包括如下内容：

1）表头包括如下内容：工程名称，结构类型，层数，建筑面积，施工单位，技术负责人，开工日期，项目经理，项目技术负责人，竣工日期。

2）表中内容包括：序号、项目、验收记录、验收结论。

3）验收项目包括：分部工程、质量控制资料、安全和主要使用功能核查及抽查结果、观感质量验收、验收记录、验收结论、综合验收结论。

4）参加验收单位包括建设单位、监理单位、施工单位、设计单位。

5）签字栏包括建设单位公章和单位（项目）负责人、总监理工程师和单位盖章、施工单位负责任人和公章、设计单位（项目）负责人和公章。

6. 隐蔽工程的质量验收单包括哪些内容？

答：隐蔽工程验收单通常包括工程名称、分项工程名称、隐蔽工程项目、施工标准名称及代号，隐蔽工程部位；项目经理，专业工长、施工单位、施工图名称及编号，施工单位自查记录，施工单位自查记录（检查结论和施工单位项目技术负责人签字），监理（建设单位）单位验收结论（监理工程师或建设单位项目负责人签字）。

参 考 文 献

[1] 中华人民共和国国家标准. 建筑工程项目管理规范 GB/T 50326—2006 [S]. 北京：中国建筑工业出版社，2006.

[2] 中华人民共和国国家标准. 建筑工程监理规范 GB/T 50319—2000 [S]. 北京：中国建筑工业出版社，2001.

[3] 中华人民共和国国家标准. 建设工程文件归档整理规范 GB 50328—2001 [S]. 北京：中国建筑工业出版社，2002.

[4] 中华人民共和国国家标准. 混凝土结构设计规范 GB 50010—2010 [S]. 北京：中国建筑工业出版社，2010.

[5] 中华人民共和国国家标准. 砌结构设计规范 GB 50003—2011 [S]. 北京：中国建筑工业出版社，2011.

[6] 中华人民共和国国家标准. 地基基础设计规范 GB 50007—2011 [S]. 北京：中国建筑工业出版社，2011.

[7] 中华人民共和国国家标准. 民用建筑设计通则 GB 50352—2005 [S]. 北京：中国建筑工业出版社，2005.

[8] 住房和城乡建设部人事司. 建筑与市政工程施工现场专业人员考核评价大纲（试行）[M]. 北京：中国建筑工业出版社，2012.

[9] 王文睿. 手把手教你当好甲方代表 [M]. 北京：中国建筑工业出版社，2013.

[10] 王文睿. 混凝土结构与砌体结构 [M]. 北京：中国建筑工业出版社，2011.

[11] 王文睿. 建筑抗震设计 [M]. 北京：中国建筑工业出版社，2011.

[12] 王文睿. 土力学与地基基础 [M]. 北京：中国建筑工业出版社，2012.

[13] 王文睿. 建设工程项目管理 [M]. 北京：中国建筑工业出版社，2014.

[14] 洪树生. 建筑施工技术 [M]. 北京：科学出版社，2007.

[15] 赵研. 胡兴福. 质量员通用及基础知识（装饰方向）[M]. 北京：

中国建筑工业出版社，2014.

[16] 朱吉顶. 质量员岗位知识与专业技能（装饰方向）[M]. 北京：中国建筑工业出版社，2013.

[17] 舒秋华. 房屋建筑学 [M]. 武汉：武汉理工大学工业出版社，2007.

[18] 曹善琪. 造价工程师基本知识问答 [M]. 北京：中国计划出版社，1998.